상위권 도약을 위한
길라잡이

왕수학

실력편

대한민국 수학학력평가의 새로운 기준!!

KMA
한국수학학력평가

| **시험일자** 상반기 | 매년 6월 셋째주
　　　　　　하반기 | 매년 11월 셋째주

| **응시대상** 초등 1년 ~ 중등 3년 (미취학생 및 상급학년 응시 가능)

| **응시방법** KMA 홈페이지 접수 또는 각 지역별 학원접수처 방문 접수
성적우수자 특전 및 시상 내역 등 기타 자세한 사항은 KMA 홈페이지를 참조하세요.

홈페이지 바로가기
(www.kma-e.com)

▶ 본 평가는 100% 오프라인 평가입니다.

주최 | 한국수학학력평가연구원　　　주관 | ✔(주)에듀왕

상위권 도약을 위한
길라잡이

왕수학

실력편

1-1

구성과 특징

▌왕수학의 특징

1. 왕수학 개념+연산 → 왕수학 기본 → 왕수학 실력 → 점프 왕수학 최상위 순으로 단계별·난이도별 학습이 가능합니다.

2. 개정교육과정 100% 반영하였습니다.

3. 기본 개념 정리와 개념을 익히는 기본문제를 수록하였습니다.

4. 문제 해결력을 키우는 다양한 창의사고력 문제를 수록하였습니다.

5. 논리력 향상을 위한 서술형 문제를 강화하였습니다.

고고씽!

STEP 3

기본 유형 다지기

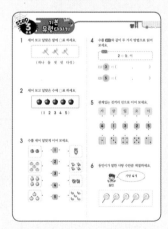

학교 시험에 잘 나오는 문제들과 신경향문제를 해결하면서 자신감을 갖도록 하였습니다.

STEP 2

기본 유형 익히기

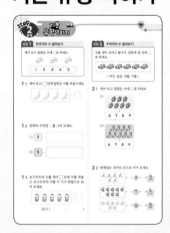

교과서와 익힘책 수준의 문제를 유형별로 풀어 보면서 기초를 튼튼히 다질 수 있도록 하였습니다.

출발!

STEP 1

개념 확인하기

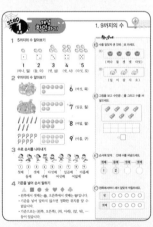

교과서의 내용을 정리하고 이와 관련된 간단한 확인문제로 개념을 이해하도록 하였습니다.

서둘러!

도착!

STEP 5

STEP 6

왕수학
최상위

단원평가

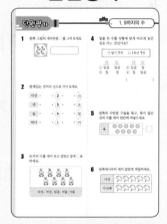

서술형 문제를 포함한 한 단원을
마무리하면서 자신의 실력을
종합적으로 확인할 수 있도록
하였습니다.

응용 실력 높이기

다소 난이도 높은 문제로 구성
하여 논리적 사고력과 응용력을
기르고 실력을 한 단계 높일 수
있도록 하였습니다.

STEP 4

응용 실력 기르기

기본 유형 다지기보다 좀 더
수준 높은 문제로 구성하여
실력을 기를 수 있게 하였
습니다.

어서와!

차례 | Contents

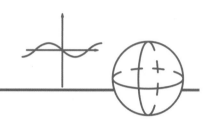

단원 **1**

9까지의 수

1 5까지의 수 알아보기

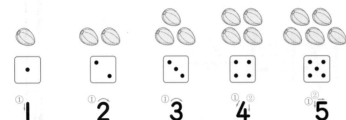

① 1	① 2	① 3	①② 4	①② 5
(하나, 일)	(둘, 이)	(셋, 삼)	(넷, 사)	(다섯, 오)

2 9까지의 수 알아보기

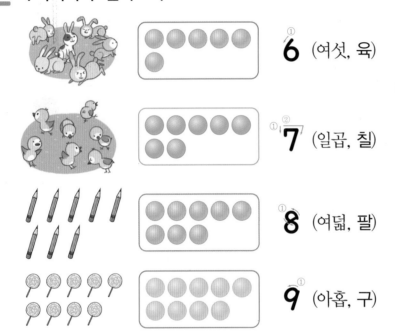

6 (여섯, 육)

7 (일곱, 칠)

8 (여덟, 팔)

9 (아홉, 구)

3 수로 순서를 나타내기

① ② ③ ④ ⑤ ⑥ ⑦ ⑧ ⑨

첫째   셋째   다섯째   일곱째   아홉째
　둘째   넷째   여섯째   여덟째

4 기준을 넣어 순서 말하기

▲ ■ ● ★ ♥ ◆ ♣

• 왼쪽에서 셋째는 ●, 오른쪽에서 셋째는 ♥입니다.
• 기준을 넣어 말하지 않으면 정확한 위치를 알 수 없습니다.
• 기준으로는 (왼쪽, 오른쪽), (위, 아래), (앞, 뒤), … 등이 있습니다.

확인문제

1 수를 알맞게 센 것에 ○표 하세요.

(1)

(하나　둘　셋　넷　다섯)

(2)

(일　이　삼　사　오)

2 그림을 보고 수만큼 ○를 그리고 수를 써 넣으세요.

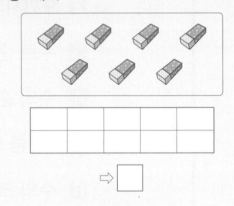

⇨ ☐

3 순서에 맞게 ○ 안에 수를 써넣으세요.

첫째	둘째	셋째	넷째
①	②	○	○

4 왼쪽에서부터 세어 알맞게 색칠하세요.

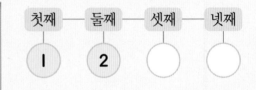

넷　○ ○ ○ ○ ○

넷째　○ ○ ○ ○ ○

5 수의 순서 알아보기

• 1부터 9까지의 수를 순서대로 쓰기

• 9부터 수의 순서를 거꾸로 세어 1까지 쓰기

6 1만큼 더 큰 수와 1만큼 더 작은 수 알아보기

수를 순서대로 썼을 때 1만큼 더 큰 수는 바로 뒤의 수이고, 1만큼 더 작은 수는 바로 앞의 수입니다.

1만큼 더 큰 수

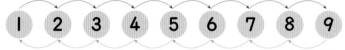

1만큼 더 작은 수

7 0 알아보기

• 아무것도 없는 것을 0이라 쓰고, 영이라고 읽습니다.

8 수의 크기 비교하기

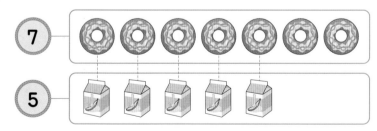

✻ 도넛은 우유보다 많습니다. ➡ 7은 5보다 큽니다.
✻ 우유는 도넛보다 적습니다. ➡ 5는 7보다 작습니다.

• 하나씩 짝지어 보았을 때, 남는 쪽의 수가 더 큰 수입니다.
• 수를 순서대로 늘어놓았을 때, 뒤에 나오는 수가 더 큰 수입니다.

5 순서에 알맞게 빈 곳에 수를 써넣으세요.

6 그림을 보고 □ 안에 알맞은 수를 써넣으세요.

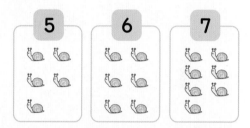

(1) 6보다 1만큼 더 큰 수는 □입니다.
(2) 6보다 1만큼 더 작은 수는 □입니다.

7 □ 안에 알맞은 수나 말을 써넣으세요.

아무것도 없는 것을 □이라 쓰고 □이라고 읽습니다.

8 그림을 보고 알맞은 말에 ○표 하세요.

(1) 6은 4보다 (큽니다, 작습니다).
(2) 4는 6보다 (큽니다, 작습니다).

유형 1 5까지의 수 알아보기

세어 보고 알맞은 수에 ◯표 하세요.

| 1 | 2 | 3 | 4 | 5 |

1-1 세어 보고 ☐ 안에 알맞은 수를 써넣으세요.

1-2 왼쪽의 수만큼 ◯를 그려 보세요.

(1) 2

(2) 5

1-3 요구르트의 수를 세어 ☐ 안에 수를 써넣고 요구르트의 수를 두 가지 방법으로 읽어 보세요.

읽기 (,   )

유형 2 9까지의 수 알아보기

수를 세어 보려고 합니다. 알맞게 센 것에 ◯표 하세요.

(여섯, 일곱, 여덟, 아홉)

2-1 세어 보고 알맞은 수에 ◯표 하세요.

(1)

| 6 | 7 | 8 | 9 |

(2)

| 6 | 7 | 8 | 9 |

2-2 관계있는 것끼리 선으로 이어 보세요.

 · · 8 · · 칠
(일곱)

 · · 7 · · 육
(여섯)

 · · 6 · · 팔
(여덟)

1 단원

2-3 주어진 수만큼 색칠하세요.

(1)
6

○ ○ ○ ○ ○
○ ○ ○ ○ ○

(2)
9

○ ○ ○ ○ ○
○ ○ ○ ○ ○

2-4 나타내는 수가 **7**인 것을 찾아 ○표 하세요.

(   )

(   )

(   )

2-5 달팽이의 수를 세어 ☐ 안에 써넣고 달팽이의 수를 두 가지 방법으로 읽어 보세요.

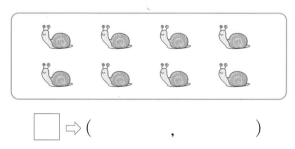

☐ ⇨ (,   )

유형 **3**   수로 순서를 나타내기

알맞은 말에 ○표 하세요.

한별   가영   영수   석기   동민   예슬

(1) 석기는 왼쪽에서부터 (셋째, 넷째, 다섯째) 입니다.

(2) 왼쪽에서 셋째는 (가영, 영수, 석기)입니다.

3-1 관계있는 것끼리 선으로 이어 보세요.

| 첫째 | 셋째 | 둘째 | 넷째 | 다섯째 |

| 3 | 1 | 4 | 5 | 2 |

3-2 왼쪽에서부터 세어 알맞게 색칠하세요.

| 일곱 | ○○○○○○○○○○ |
| 일곱째 | ○○○○○○○○○○ |

3-3 오른쪽에서부터 여섯째에 있는 수에 ○표 하세요.

4 7 2 5 6 8 9 1 3

유형 4   수의 순서 알아보기

숫자 카드를 수의 순서대로 놓으려고 합니다. 빈 곳에 알맞은 수를 써넣으세요.

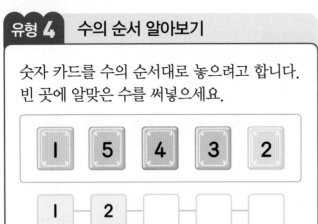

4-1 수의 순서에 맞게 빈 곳에 알맞은 수를 써넣으세요.

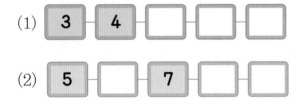

4-2 수의 순서를 거꾸로 하여 수를 써 보세요.

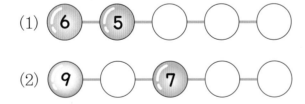

4-3 수의 순서에 맞게 선으로 이어 보세요.

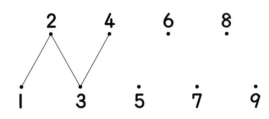

유형 5   1만큼 더 큰 수와 1만큼 더 작은 수 알아보기

5보다 1만큼 더 큰 수를 나타내는 것에 ○표 하세요.

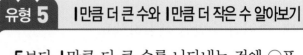

(   )   (   )   (   )

5-1 4보다 1만큼 더 작은 수를 나타내는 것에 △표 하세요.

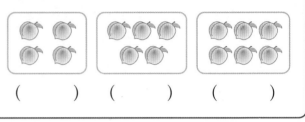

(   )   (   )   (   )

5-2 그림의 수보다 1만큼 더 큰 수에 ○표 하세요.

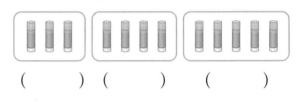

6   7   8   9

5-3 그림의 수보다 1만큼 더 작은 수에 △표 하세요.

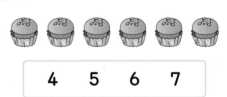

4   5   6   7

5-4 ☐ 안에 알맞은 수를 써넣으세요.

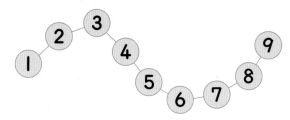

(1) **8**보다 **1**만큼 더 큰 수는 ☐입니다.

(2) **7**보다 **1**만큼 더 작은 수는 ☐입니다.

5-5 금붕어의 수를 세어 ☐ 안에 알맞은 수를 써넣으세요.

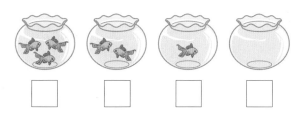

☐ ☐ ☐ ☐

5-6 자동차의 수를 세어 선으로 이어 보세요.

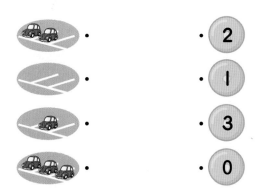

유형 6　**수의 크기 비교하기**

왼쪽의 수만큼 ○를 그리고, 알맞은 말에 ○표 하세요.

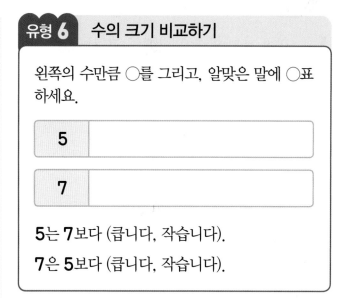

5는 **7**보다 (큽니다, 작습니다).
7은 **5**보다 (큽니다, 작습니다).

6-1 그림을 보고 알맞은 말에 ○표 하세요.

🥕은 🍆 보다 (많습니다 , 적습니다).
6은 **7**보다 (큽니다 , 작습니다).

6-2 더 큰 수에 ○표 하세요.

(1)　**4**　**9**　　(2)　**7**　**6**

6-3 더 작은 수에 △표 하세요.

(1)　**8**　**7**　　(2)　**6**　**9**

6-4 가장 큰 수에 ○표 하세요.

8　**2**　**7**

1 세어 보고 알맞은 말에 ○표 하세요.

(하나 둘 셋 넷 다섯)

2 세어 보고 알맞은 수에 ○표 하세요.

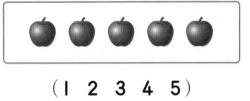

(1 2 3 4 5)

3 수를 세어 알맞게 이어 보세요.

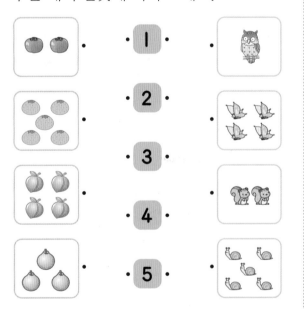

4 수를 보기 와 같이 두 가지 방법으로 읽어 보세요.

보기

2 ➡ 둘, 이

(1) 3 ➡ (,   )

(2) 5 ➡ (,   )

5 관계있는 것끼리 선으로 이어 보세요.

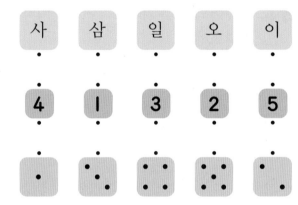

6 동민이가 말한 사탕 수만큼 색칠하세요.

사탕 **4**개

동민

7 왼쪽의 수만큼 ⬭로 묶어 보세요.

(1) **2**

(2) **4**

8 밑줄친 수를 바르게 읽은 것은 어느 것인가요? (   )

> 영수 : 철수야, 우리 집에 놀러와.
> 문방구 앞에 있는 ㉠ **3**동 **102**호야.
> 철수 : 그럼 내가 팽이 ㉡ **5**개 가져갈게.

	㉠	㉡		㉠	㉡
①	셋	오	②	세	오
③	삼	오	④	삼	다섯
⑤	셋	다섯			

9 그림을 보고 ☐ 안에 알맞은 수를 써넣으세요.

(1) 병아리는 ☐마리 있습니다.

(2) 고양이는 ☐마리 있습니다.

(3) 거북이는 ☐마리 있습니다.

10 개미의 수만큼 ○를 그리고 ☐ 안에 알맞은 수를 써넣으세요.

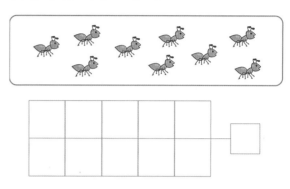

11 농구공의 수를 세어 ☐ 안에 써넣고 농구공의 수를 바르게 읽은 것에 ○표 하세요.

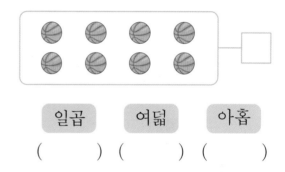

일곱	여덟	아홉
( )	( )	( )

12 ☐ 안에 알맞은 수를 쓰고 관계있는 것끼리 선으로 이어 보세요.

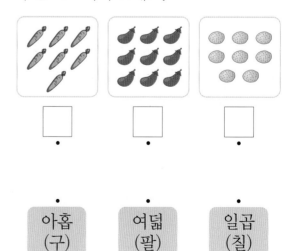

13 왼쪽의 수만큼 색칠하세요.

14 왼쪽의 수만큼 ◯로 묶어 보세요.

15 색종이가 몇 장인지 세어 보고 ☐ 안에 알맞은 수를 써넣으세요.

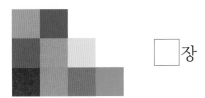

☐ 장

16 석기는 친구 일곱 명에게 지우개를 한 개씩 나누어 주려고 합니다. 친구의 수만큼 지우개에 ◯표 하세요.

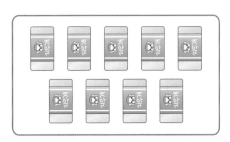

17 ☐ 안에 공통으로 들어갈 수를 구하세요.

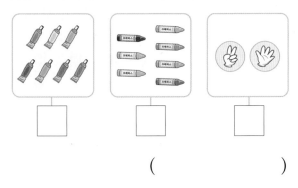

(   )

18 왼쪽의 수만큼 도토리를 묶고, 묶지 않은 것의 수를 세어 빈칸에 써넣으세요.

19 다음에서 나머지 셋과 다른 하나를 찾아 △표 하세요.

| 아홉 | 9 | 여덟 | 구 |

20 ☐ 안에 알맞은 수를 써넣으세요.

꿀벌은 ☐마리이고, 해바라기 꽃은 ☐ 송이입니다.

21 왼쪽에서부터 순서에 알맞게 선으로 이어 보세요.

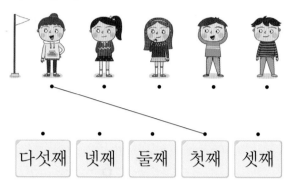

| 다섯째 | 넷째 | 둘째 | 첫째 | 셋째 |

동물들이 달리기를 하고 있습니다. 물음에 답하세요. 【22~23】

호랑이 토끼 원숭이 사자 기린 돼지 오리 거북 달팽이

22 앞에서부터 다섯째로 달리고 있는 동물은 무엇인가요?

(   )

23 뒤에서부터 오리는 몇째로 달리고 있나요?

(   )

24 그림을 보고 알맞게 선으로 이어 보세요.

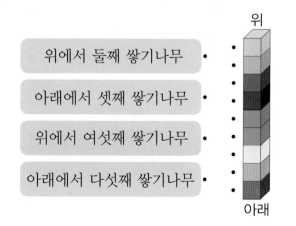

위에서 둘째 쌓기나무 •

아래에서 셋째 쌓기나무 •

위에서 여섯째 쌓기나무 •

아래에서 다섯째 쌓기나무 •

25 왼쪽에서부터 넷째에 ○표 하세요.

26 오른쪽에서부터 셋째에 색칠하세요.

27 왼쪽에서부터 알맞게 세어 색칠하세요.

| 여덟(팔) | ○○○○○○○○○ |
| 여덟째 | ○○○○○○○○○ |

28 순서에 맞게 빈 곳에 알맞은 말을 써넣으세요.

다섯째 [ ] 일곱째 [ ] 아홉째

29 영수, 석기, 지혜, 한별, 예슬, 상연, 한솔, 웅이, 동민이가 순서대로 달리고 있습니다. 영수가 앞에서부터 첫째로 달리고 있다면 앞에서부터 여섯째로 달리고 있는 사람은 누구인가요?

(   )

30 수의 순서에 맞게 빈 곳에 알맞은 수를 써넣으세요.

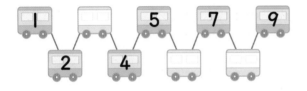

31 수를 순서에 맞게 쓴 것을 찾아 기호를 쓰세요.

(   )

32 순서를 거꾸로 하여 수를 써 보세요.

33 1부터 수의 순서에 맞게 선으로 이어 보세요.

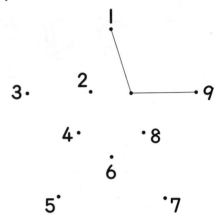

34 사물함의 번호를 수의 순서대로 써넣으세요.

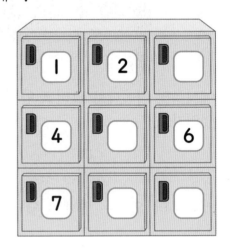

35 계단의 층수를 아랫층부터 순서대로 □ 안에 써넣으세요.

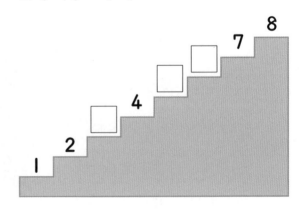

36 7보다 I만큼 더 큰 수를 나타내는 것에 ○표 하세요.

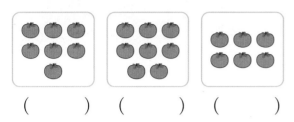

(   ) (   ) (   )

37 그림의 수보다 I만큼 더 큰 수에 ○표 하세요.

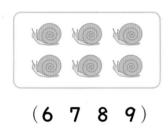

(6   7   8   9)

38 그림의 수보다 I만큼 더 작은 수에 △표 하세요.

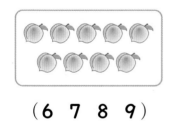

(6   7   8   9)

39 □ 안에 알맞은 수를 써넣으세요.

(1) 8보다 I만큼 더 큰 수는 □입니다.

(2) 7보다 I만큼 더 작은 수는 □입니다.

40 빈 곳에 알맞은 수를 써넣으세요.

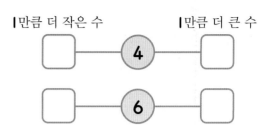

41 ○ 안의 수보다 I만큼 더 큰 수에 ○표, I만큼 더 작은 수에 △표 하세요.

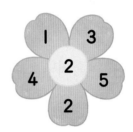

42 □ 안에 알맞은 수를 써넣으세요.

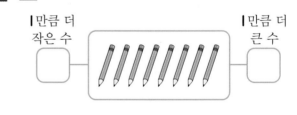

43 다음에서 나타내는 수보다 I만큼 더 큰 수와 I만큼 더 작은 수를 각각 구하세요.

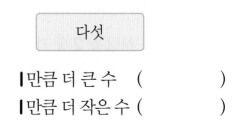

I만큼 더 큰 수 (   )

I만큼 더 작은 수 (   )

44 그림을 보고 □ 안에 알맞은 수를 써넣으세요.

사과의 수는 **7**입니다.

사과를 **1**개 먹으면 사과의 수는 □ 보다 **1**만큼 더 작은 수인 □ 이 됩니다.

45 펼쳐진 손가락의 수를 세어 보고, 빈 곳에 알맞은 수를 써넣으세요.

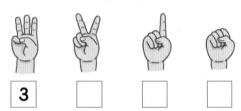

| 3 | | | |

46 개구리의 수를 세어 ☆ 안에 알맞은 수를 써넣으세요.

47 석기는 사탕을 **2**개 가지고 있었는데 모두 먹었습니다. 남은 사탕은 몇 개인가요?

(   )

48 그림을 보고 물음에 답하세요.

(1) 토끼와 사슴의 수만큼 ○를 각각 그려 보세요.

(2) □ 안에 알맞은 수를 써넣고 알맞은 말에 ○표 하세요.

- 토끼는 사슴보다
  (많습니다, 적습니다).
- **9**는 □보다 (큽니다, 작습니다).

49 수만큼 △를 각각 그리고, 두 수의 크기를 비교하여 보세요.

5								
8								

5는 **8**보다 (큽니다, 작습니다).

8은 **5**보다 (큽니다, 작습니다).

50 그림을 보고 알맞은 말에 ○표 하세요.

(1) **4**는 **6**보다 (큽니다, 작습니다).

(2) **6**은 **4**보다 (큽니다, 작습니다).

51 그림을 보고 □ 안에 알맞은 수를 써넣으세요.

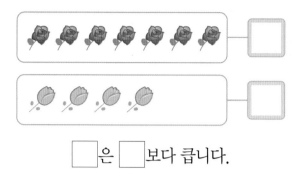

□ 은 □ 보다 큽니다.

52 더 큰 수에 ○표 하세요.

(1)

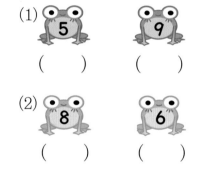

5   9

(   )   (   )

(2)

8   6

(   )   (   )

53 더 작은 수에 △표 하세요.

(1)

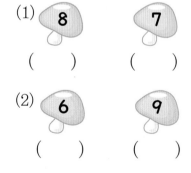

8   7

(   )   (   )

(2)

6   9

(   )   (   )

54 7보다 큰 수를 모두 찾아 ○표 하세요.

| 4 | 8 | 5 | 9 | 6 |

55 왼쪽 수보다 더 작은 수를 모두 찾아 △표 하세요.

| 5 | | 4 | 6 | 9 | 7 | 3 |

56 6보다 큰 수를 모두 찾아 색칠하세요.

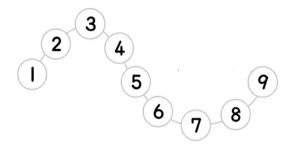

57 가장 큰 수에 ○표, 가장 작은 수에 △표 하세요.

(1)

| 4 | 1 | 8 |

(2)

| 0 | 7 | 3 |

58 딸기를 지혜는 **9**개 먹었고, 가영이는 **7**개 먹었습니다. 딸기를 더 많이 먹은 사람은 누구인가요?

(   )

1 주어진 수만큼 딸기를 묶고, 묶지 않은 것의 수를 세어 빈 곳에 써넣으세요.

2 모두 **8**이 되게 ○를 더 그리고, **8**을 두 가지 방법으로 읽어 보세요.

(,   )

3 영수와 석기는 가위바위보를 했습니다. 영수는 가위를 내고, 석기는 보를 냈습니다. 가위바위보를 해서 진 사람의 펼친 손가락은 몇 개인가요?

(   )

가위바위보에서 가위는 보에, 바위는 가위에, 보는 바위에 각각 이깁니다.

4 밑줄 친 수가 나머지 두 사람과 다른 사람은 누구인가요?

- 예슬 : 언니의 나이는 **9**살이야.
- 한별 : 나는 우리 반에서 팔 번이야.
- 효근 : 사탕이 아홉 개 있어.

(   )

5 다음 중 나타내는 수가 셋째로 작은 것을 찾아 써 보세요.

| 여섯 | 5 | 아홉 | 4 | 팔 | 일곱 | 셋 |

(   )

6 수돗가에 **5**명의 학생이 한 줄로 서 있는데 그중에서 웅이는 앞에서부터 셋째에 서 있습니다. 웅이는 뒤에서부터 몇째에 서 있나요?

(   )

4와 7 사이에는 몇 개의 수가 있는지 알아봅니다.

7 박물관은 **8**층까지 있습니다. **4**층과 **7**층 사이에는 몇 개의 층이 있나요?

(   )

8 상연이는 **1**부터 **9**까지의 숫자 카드를 가장 큰 수부터 순서대로 놓았습니다. 여섯째에 놓은 카드에 적힌 수는 얼마인가요?

(   )

9 동물들이 순서대로 줄을 섰습니다. ☐ 안에 알맞은 수를 써넣으세요.

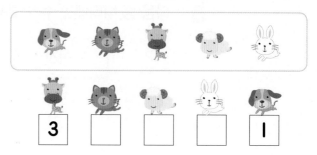

| 3 | | | | 1 |

10 순서를 거꾸로 하여 수를 썼습니다. ㉠에 알맞은 수는 얼마인가요?

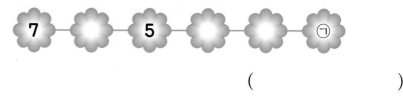

7 　 5 　 　 ㉠

(　　　　　　　)

호박씨를 심어 호박이 열리기까지 과정을 잘 생각해서 순서를 써 보도록 합니다.

11 호박씨를 심어 호박이 열리기까지의 성장 과정입니다. 그림의 순서를 써 보세요.

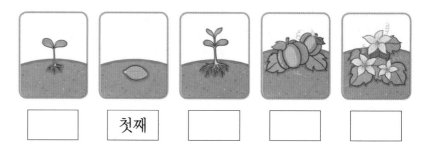

| | 첫째 | | | |

수를 순서대로 썼을 때 1만큼 더 큰 수는 바로 뒤의 수이고 1만큼 더 작은 수는 바로 앞의 수입니다.

12 ☐와 △에 알맞은 수를 각각 구하세요.

> • 8은 ☐보다 1만큼 더 작은 수입니다.
> • 6은 △보다 1만큼 더 큰 수입니다.

☐ : (　　　　), △ : (　　　　)

1 단원

13 사과 주스는 **5**병보다 **1**병 더 적게 있고, 포도 주스는 사과 주스보다 **1**병 더 적게 있습니다. 포도 주스는 몇 병인가요?

( )

14 **2**보다 크고 **7**보다 작은 수는 모두 몇 개인가요?

| 8 | 6 | 0 | 3 | 5 |

( )

15 가장 큰 수에 ○표, 가장 작은 수에 △표 하세요.

| 6보다 1만큼 더 큰 수 | 8보다 1만큼 더 큰 수 | 9보다 1만큼 더 작은 수 |

( )　　　( )　　　( )

세 수를 수의 순서대로 써 봅니다.

16 화살을 쏘아 웅이는 **6**개, 유승이는 **7**개, 한솔이는 **4**개를 과녁에 맞혔습니다. 화살을 과녁에 가장 많이 맞힌 사람은 누구인가요?

( )

01

밑줄 친 수를 잘못 말한 학생의 이름을 모두 써 보세요.

> • 가영 : 나는 일 학년입니다.
> • 예슬 : 다람쥐가 오 마리 있습니다.
> • 유승 : 아홉시 정각에 공부가 시작됩니다.
> • 한별 : 우리 집은 일곱 층에 있어요.

(,   )

02

의 수를 셀 때에 빠뜨리거나 중복되지 않도록 연필로 표시하며 셉니다.

의 수가 나머지 둘과 다른 하나를 찾아 ○표 하세요.

   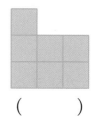   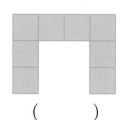

(   )   (   )   (   )

03

1부터 9까지의 수 중에서 ㉠에 알맞은 수는 무엇인가요?

> • 6은 ㉠보다 작습니다.
> • ㉠은 8보다 작습니다.

(   )

04

셋째와 다섯째 사이에 놓인 카드는 넷째에 놓인 카드와 같습니다.

1
단원

1부터 9까지의 숫자 카드를 큰 수부터 순서대로 늘어놓았습니다. 셋째와 다섯째 사이에 놓인 숫자 카드에 적힌 수는 얼마인가요?

(   )

05

몸무게가 무거운 순서대로 7명의 어린이가 한 줄로 서 있습니다. 영수가 앞에서 셋째에 서 있다면, 몸무게가 가벼운 순서대로 줄을 다시 설 때 영수는 앞에서 몇째에 서게 되나요?

(   )

06

조건 을 만족하는 수를 □ 안에 써넣으세요.

조건
• 맨 위에 있는 수는 가운데 수보다 1만큼 더 작은 수입니다.
• 맨 아래에 있는 수는 가운데 수보다 1만큼 더 큰 수입니다.

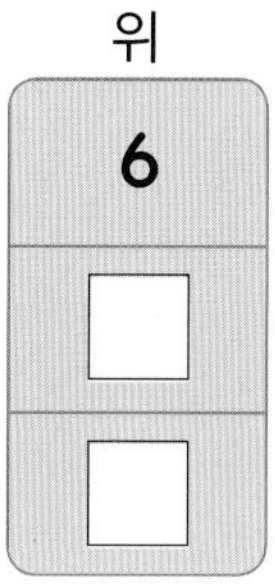

위

| 6 |
| □ |
| □ |

07 석기는 친구 **7**명과 함께 달리기를 하고 있습니다. 석기는 **5**등으로 달리다가 **3**명을 앞질렀습니다. 석기 뒤에서 달리는 학생은 몇 명인가요?

( )

08 주어진 숫자 카드를 **5**명이 각각 한 장씩 뽑았습니다. 지혜가 뽑은 숫자 카드의 수가 **6**일 때, 지혜보다 작은 수가 적힌 숫자 카드를 뽑은 사람은 몇 명인가요?

수를 순서대로 늘어놓았을 때, 뒤에 나오는 수가 더 큰 수입니다.

5 3 7 4 6

( )

09 동민이와 석기는 주사위 던지기를 **5**번씩 하였습니다. 나온 눈의 수를 순서대로 쓰면 다음과 같습니다. 셋째에 나온 눈의 수가 더 큰 사람은 누구인가요?

| 동민 | 5, 2, 4, 1, 6 |

| 석기 | 2, 3, 5, 6, 1 |

( )

10 다음 수 카드 **6**장을 작은 수부터 순서대로 늘어놓으면 연속하는 수가 된다고 합니다. 둘째와 다섯째 사이에 놓이는 수를 모두 구해 보세요. (단, ㉮는 ㉯보다 큰 수입니다.)

| 5 | ㉯ | 3 | ㉮ | 8 | 6 |

(   )

11 세 명의 학생들이 사탕을 가지고 있습니다. 사탕을 가장 많이 가지고 있는 학생은 누구인가요?

> • 유승이는 **6**개보다 **2**개 더 적게 가지고 있습니다.
> • 지혜는 유승이보다 **1**개 더 많이 가지고 있습니다.
> • 영수는 지혜보다 **2**개 더 적게 가지고 있습니다.

(   )

12 예슬이는 구슬을 **2**개 가지고 있었습니다. 가영이가 가지고 있던 구슬 중에서 **2**개를 예슬이에게 주었더니 예슬이와 가영이가 가진 구슬의 수가 같아졌습니다. 처음에 가영이가 가지고 있던 구슬은 몇 개인가요?

(   )

1 왼쪽 그림의 개수만큼 ○를 그려 보세요.

2 관계있는 것끼리 선으로 이어 보세요.

다섯 ·   · **2** ·   · 사

넷 ·   · **5** ·   · 오

둘 ·   · **4** ·   · 일

하나 ·   · **1** ·   · 이

3 토끼의 수를 세어 보고 알맞은 말에 ○표 하세요.

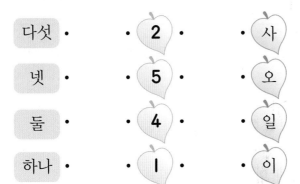

다섯, 여섯, 일곱, 여덟, 아홉

4 밑줄 친 수를 상황에 맞게 바르게 읽은 것은 어느 것인가요?

| ㉠ 딸기 **7**개 | ㉡ I학년 **7**반 |

	㉠	㉡		㉠	㉡
①	일곱	일곱	②	일곱	칠
③	칠	칠	④	칠	일곱

(　　　　　　　)

5 왼쪽의 수만큼 구슬을 묶고, 묶지 않은 것의 수를 세어 빈칸에 써넣으세요.

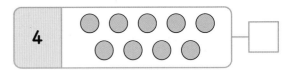

6 왼쪽에서부터 세어 알맞게 색칠하세요.

다섯	🍃🍃🍃🍃🍃
다섯째	🍃🍃🍃🍃🍃

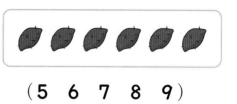
그림을 보고 물음에 답하세요. [7~8]

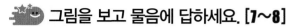

석기

7 석기는 왼쪽에서부터 몇째에 서 있는지 써 보세요.

(   )

8 석기는 오른쪽에서부터 몇째에 서 있는지 써 보세요.

(   )

9 순서에 맞게 빈 곳에 알맞은 수를 써넣으세요.

10 주어진 수보다 하나 더 많게 색칠하고 색칠한 것의 수를 빈 곳에 써넣으세요.

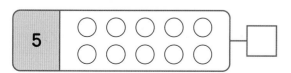

11 그림의 수보다 1만큼 더 작은 수에 △표 하세요.

(5   6   7   8   9)

12 빈 곳에 알맞은 수를 써넣으세요.

(1) 1만큼 더 작은 수   1만큼 더 큰 수

☐ —— ⑦ —— ☐

(2) 1만큼 더 작은 수   1만큼 더 큰 수

◯ —— 4 —— ◯

13 ☐ 안에 알맞은 수를 써넣으세요.

4는 ☐ 보다 1만큼 더 큰 수이고,

☐ 보다 1만큼 더 작은 수입니다.

14 비둘기의 수를 세어 보고 빈 곳에 알맞은 수를 써넣으세요.

15 □ 안에 파인애플의 개수를 쓰고, 더 큰 수에 ○표 하세요.

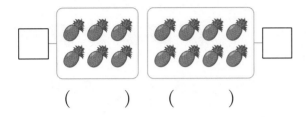

(   )   (   )

16 더 작은 수에 △표 하세요.

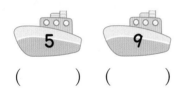

(   ) (   )

17 가장 큰 수에 ○표 하세요.

| 3 | 8 | 5 |

18 동민이는 1부터 8까지의 숫자 카드를 가장 큰 수부터 순서대로 늘어놓았습니다. 넷째에 놓은 카드에 적힌 수는 얼마인가요?

(   )

19 매표소 앞에 사람들이 표를 사기 위해 줄을 섰습니다. 지혜 앞에 **5**명이 서 있습니다. 지혜는 앞에서부터 몇째에 서 있는지 풀이 과정을 쓰고 답을 구하세요.

풀이 _____

_____

_____

_____

_____

답 _____

20 사탕을 영수는 **5**개, 석기는 **7**개, 웅이는 **4**개 먹었습니다. 사탕을 가장 많이 먹은 사람은 누구인지 풀이 과정을 쓰고 답을 구하세요.

풀이 _____

_____

_____

_____

답 _____

단원 2 여러 가지 모양

이번에 배울 내용

1 여러 가지 모양 찾아보기

2 여러 가지 모양 알아보기

3 여러 가지 모양으로 만들기

step 1 개념 확인하기

1 여러 가지 모양 찾아보기

(1) 여러 가지 모양 찾기

(2) 같은 모양끼리 모으기

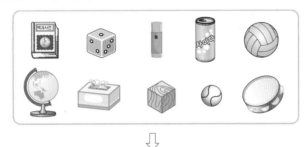

⇩

(3) 🟦, 🔵, ⚪ 모양의 이름 정하기

- 🟦 모양은 네모난 상자와 비슷하므로 상자 모양이라고 할 수 있습니다.

- 🔵 모양은 둥근 기둥과 비슷하므로 둥근 기둥 모양이라고 할 수 있습니다.

- ⚪ 모양은 공과 비슷하므로 공 모양이라고 할 수 있습니다.

확인문제

1 🟦 모양을 모두 찾아 ○표 하세요.

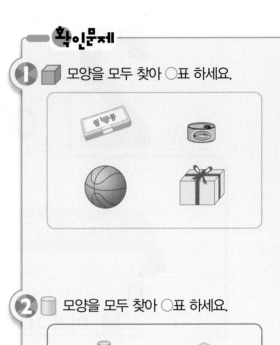

2 🔵 모양을 모두 찾아 ○표 하세요.

3 ⚪ 모양을 모두 찾아 ○표 하세요.

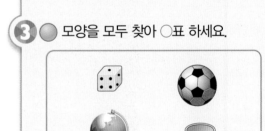

4 같은 모양끼리 이어 보세요.

2 여러 가지 모양 알아보기

(1) 여러 가지 모양 알아보기

🟦 모양	🔵 모양	⚪ 모양
평평한 부분과 뾰족한 부분이 있습니다.	둥근 부분도 있고 평평한 부분도 있습니다.	전체가 둥글게 되어 있습니다.

평평한 부분
뾰족한 부분

평평한 부분
둥근 부분

전체가 둥근 부분

(2) 여러 가지 모양 쌓아 보고 굴려 보기

	🟦 모양	🔵 모양	⚪ 모양
쌓아 보기	어느 방향으로 쌓아도 쌓을 수 있습니다.	한쪽 방향으로만 쌓을 수 있습니다.	잘 쌓을 수 없습니다.
굴려 보기	어느 방향으로도 잘 굴러가지 않습니다.	한쪽 방향으로 눕히면 잘 굴러갑니다.	어느 방향으로 굴려도 잘 굴러갑니다.

3 여러 가지 모양으로 만들기

✳ 🟦 모양, 🔵 모양, ⚪ 모양을 사용하여 다음과 같은 모양을 만들 수 있습니다.

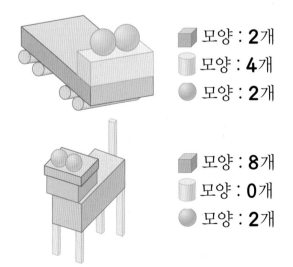

🟦 모양 : **2**개
🔵 모양 : **4**개
⚪ 모양 : **2**개

🟦 모양 : **8**개
🔵 모양 : **0**개
⚪ 모양 : **2**개

[참고]
사용한 모양의 개수를 셀 때는 빠뜨리거나 두 번 세지 않도록 숫자를 써서 세면 실수가 줄어듭니다.

확인문제

5 어떤 모양의 일부분입니다. 어떤 모양인지 찾아 ○표 하세요.

🟦   🔵   ⚪
(   ) (   ) (   )

6 어떤 모양의 일부분입니다. 어떤 모양인지 찾아 ○표 하세요.

🟦   🔵   ⚪
(   ) (   ) (   )

7 어떤 모양의 일부분입니다. 어떤 모양인지 찾아 ○표 하세요.

🟦   🔵   ⚪
(   ) (   ) (   )

8 다음과 같은 모양을 만드는 데 사용한 모양의 개수를 □ 안에 써넣으세요.

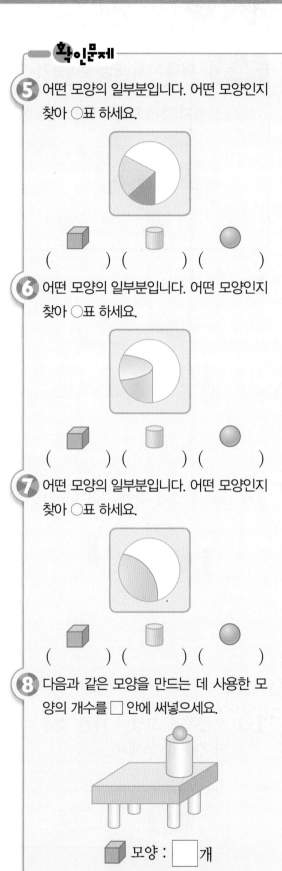

🟦 모양 : □ 개
🔵 모양 : □ 개
⚪ 모양 : □ 개

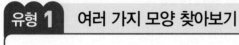 유형 1　여러 가지 모양 찾아보기

다음 물건과 같은 모양을 찾아 ○표 하세요.

(, ,)

1-1 모양을 찾아 ○표 하세요.

(　　　　) (　　　　) (　　　　)

1-2 🔵 모양을 찾아 ○표 하세요.

(　　　　) (　　　　) (　　　　)

1-3 오른쪽과 모양이 <u>다른</u> 것을 찾아 기호를 쓰세요.

(　　　　　　　　)

1-4 같은 모양끼리 선으로 이어 보세요.

·　　　·　　　·

·　　　·　　　·

1-5 물건은 어떤 모양인지 ○표 하세요.

(,  , 🔵)

1-6 물건과 같은 모양을 찾아 ○표 하세요.

(, , 🔵)

1-7 물건과 같은 모양을 찾아 ○표 하세요.

(, ,)

1-8 모양의 이름으로 정하면 좋을 것 같은 것을 찾아 이어 보세요.

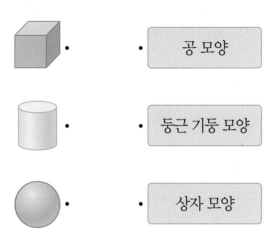

- 공 모양
- 둥근 기둥 모양
- 상자 모양

1-9 여러 가지 물건들을 같은 모양끼리 모으려고 합니다. 빈칸에 알맞은 모양을 찾아 기호를 쓰세요.

⬛ 모양	🛢 모양	🔵 모양

유형 2 여러 가지 모양 알아보기

물건이 가려져서 일부분만 보입니다. 어떤 모양인지 찾아 ○표 하세요.

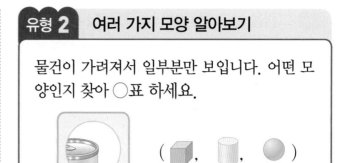

2-1 어떤 모양의 일부분을 나타낸 것입니다. 어떤 모양인지 보기 에서 찾아 기호를 쓰세요.

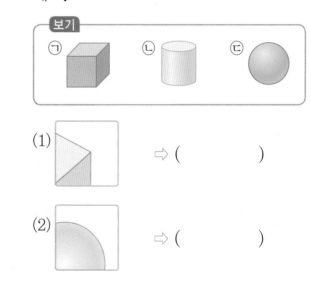

(1) ⇨ (　　　)

(2) ⇨ (　　　)

2-2 설명을 읽고 알맞은 모양을 찾아 선으로 이어 보세요.

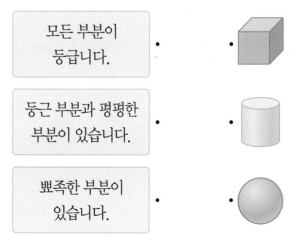

- 모든 부분이 둥급니다.
- 둥근 부분과 평평한 부분이 있습니다.
- 뾰족한 부분이 있습니다.

그림을 보고 물음에 답하세요. **[2-3~2-4]**

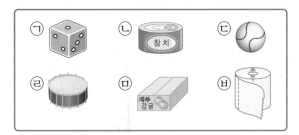

2-3 눕히면 한쪽 방향으로 잘 굴러가는 물건을 모두 찾아 기호를 쓰세요.

( )

2-4 어느 방향으로도 잘 굴러가는 물건을 찾아 기호를 쓰세요.

( )

2-5 설명에 알맞은 모양을 찾아 ○표 하세요.

위로는 잘 쌓을 수 있지만 눕혀서는 쌓기 어렵습니다.

유형 3 여러 가지 모양으로 만들기

다음과 같은 모양을 만드는 데 사용한 모양을 모두 찾아 ○표 하세요.

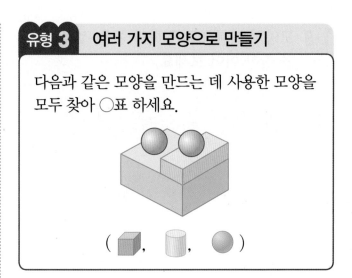

3-1 다음과 같은 모양을 만드는 데 사용한 모양을 보기에서 찾아 기호를 쓰세요.

(1)
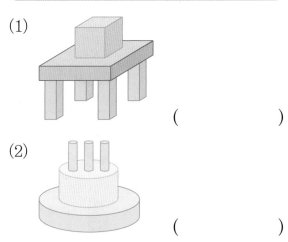

( )

(2)

( )

3-2 다음과 같은 모양을 만드는 데 사용하지 않은 모양을 찾아 ○표 하세요.

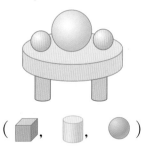

3-3 오른쪽 그림과 같은 모양을 만들 때, 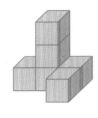모양은 모두 몇 개 필요한가요?

(   )

3-4 다음과 같은 모양을 만드는 데 사용한 각 모양의 개수를 쓰세요.

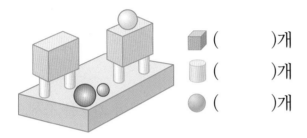

(   )개
(   )개
(   )개

3-5 그림을 보고 물음에 답하세요.

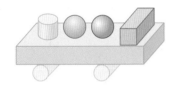

(1) 사용한 각 모양의 개수를 빈칸에 써 넣으세요.

모양	모양	모양
개	개	개

(2) 가장 많이 사용한 모양을 찾아 ○표 하세요.

(,   ,   )

3-6 보기 의 모양을 모두 사용하여 만들 수 있는 모양에 ○표 하세요.

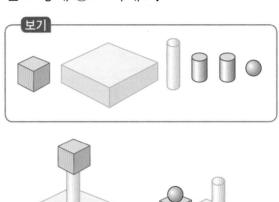

(   )   (   )

3-7 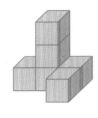 모양을 더 많이 사용한 모양을 찾아 기호를 쓰세요.

가   나

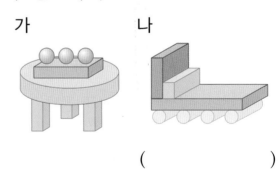

(   )

그림을 보고 물음에 답하세요. [1~3]

1 🧊 모양의 물건을 **2**개 찾아 쓰세요.

( )

2 🔴 모양의 물건을 **2**개 찾아 쓰세요.

( )

3 교실 바닥에 놓여 있는 작은 북과 같은 모양에 ○표 하세요.

(🧊 , ⬜ , 🔴)

4 보기 와 같은 모양을 찾아 ○표 하세요.

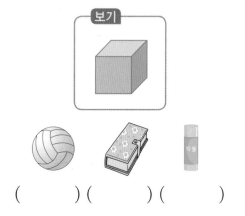

( ) ( ) ( )

그림을 보고 물음에 답하세요. [5~7]

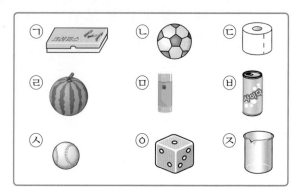

5 🧊 모양을 모두 찾아 기호를 쓰세요.

( )

6 ⬜ 모양을 모두 찾아 기호를 쓰세요.

( )

7 🔴 모양을 모두 찾아 기호를 쓰세요.

( )

8 같은 모양끼리 선으로 이어 보세요.

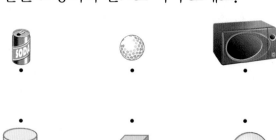

9 사진에서 찾을 수 있는 모양을 모두 찾아 ○표 하세요.

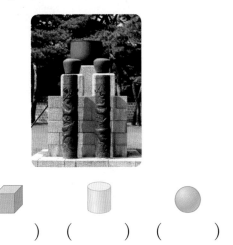

(   ) (   ) (   )

10 왼쪽과 <u>다른</u> 모양을 찾아 ×표 하세요.

(1)

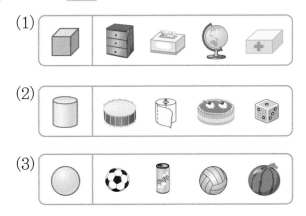

(2)

(3)

그림을 보고 물음에 답하세요. **[11~12]**

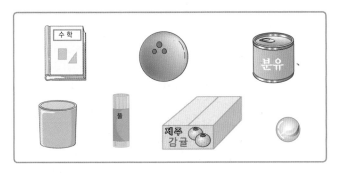

11 🛢 모양은 모두 몇 개 있나요?

(   )

12 🔵 모양은 모두 몇 개 있나요?

(   )

13 같은 모양끼리 모아놓은 것을 찾아 기호를 쓰세요.

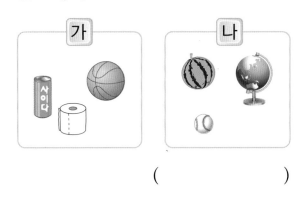

(   )

14 다음 중 모양이 나머지 넷과 <u>다른</u> 하나는 어느 것인가요? (   )

15 어떤 모양의 일부분을 나타낸 것입니다. 어떤 모양인지 찾아 ○표 하세요.

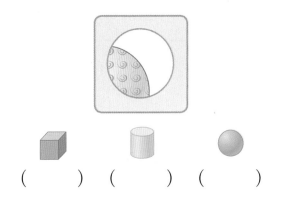

(   ) (   ) (   )

16 구멍으로 보이는 모양의 일부분을 보고, 같은 모양끼리 선으로 이어 보세요.

 •   •

 •   •

 •   •

설명에 알맞은 모양을 보기에서 찾아 기호를 쓰세요. [17~19]

17

> • 둥근 부분도 있고 평평한 부분도 있습니다.

(   )

18

> • 평평한 부분이 있습니다.
> • 뽀족한 부분이 있습니다.

(   )

19

> • 전체가 둥글게 되어 있습니다.
> • 평평한 부분이 없습니다.

(   )

그림을 보고 물음에 답하세요. [20~22]

20 오른쪽과 같은 모양을 모두 찾아 기호를 쓰세요.

(   )

21 오른쪽과 같은 모양을 모두 찾아 기호를 쓰세요.

(   )

22 오른쪽과 같은 모양을 모두 찾아 기호를 쓰세요.

(   )

그림을 보고 물음에 답하세요. [23~24]

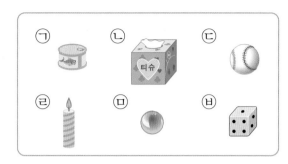

23 눕히면 한쪽 방향으로 잘 굴러가는 물건을 모두 찾아 기호를 쓰세요.

( )

24 어느 방향으로도 잘 굴러가지 않는 물건을 모두 찾아 기호를 쓰세요.

( )

25 굴렸을 때 어느 방향으로도 잘 굴러가지만 쌓을 수 없는 모양을 찾아 ○표 하세요.

(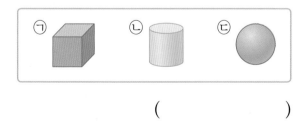)

26 평평한 부분이 **2**개인 모양을 찾아 기호를 쓰세요.

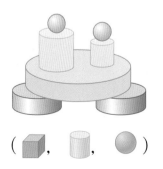

( )

27 ⬛, 🥫, ⚪ 모양을 모두 사용하여 만든 것에 ○표 하세요.

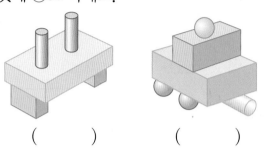

( )   ( )

28 다음과 같은 모양을 만드는 데 사용한 모양을 보기 에서 찾아 기호를 쓰세요.

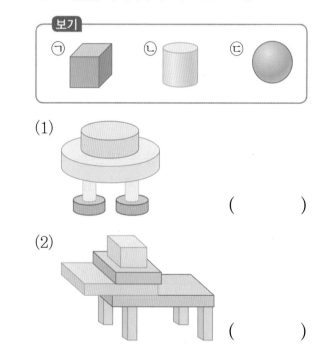

(1)

( )

(2)

( )

29 다음과 같은 모양을 만드는 데 사용한 모양을 모두 찾아 ○표 하세요.

(⬛, 🥫, ⚪)

30 다음과 같은 모양을 만드는 데 사용하지 <u>않은</u> 모양을 찾아 기호를 쓰세요.

(1)

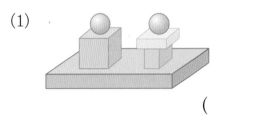

(   )

(2)

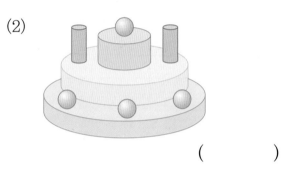

(   )

31 다음과 같은 모양을 만드는 데 사용한 ⬜ 모양은 모두 몇 개인가요?

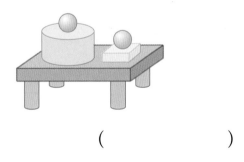

(   )

32 다음과 같은 모양을 만드는 데 사용한 ⬛ 모양은 모두 몇 개인가요?

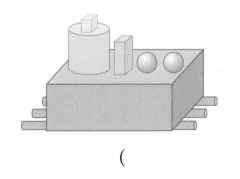

(   )

33 다음과 같은 모양을 만드는 데 사용한 각 모양의 개수를 쓰세요.

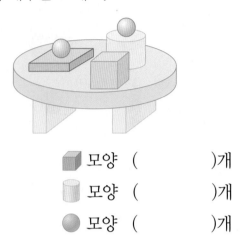

⬛ 모양 (   )개
⬜ 모양 (   )개
⚪ 모양 (   )개

34 그림을 보고 물음에 답하세요.

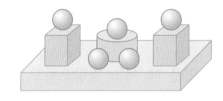

(1) 사용한 각 모양의 개수를 빈칸에 써넣으세요.

⬛ 모양	⬜ 모양	⚪ 모양
개	개	개

(2) 가장 많이 사용한 모양에 ○표, 가장 적게 사용한 모양에 △표 하세요.

()

35 보기의 모양을 사용하여 만들 수 있는 모양을 찾아 ○표 하세요.

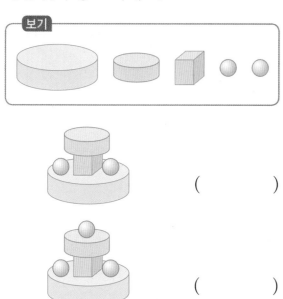

(   )

(   )

36 보기의 모양을 사용하여 만들 수 <u>없는</u> 것을 찾아 ×표 하세요.

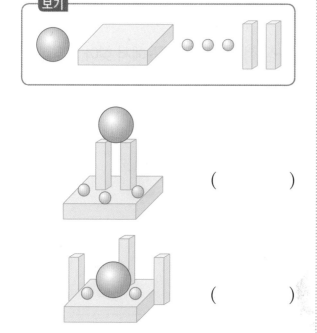

(   )

(   )

🐛 그림을 보고 물음에 답하세요. [37~38]

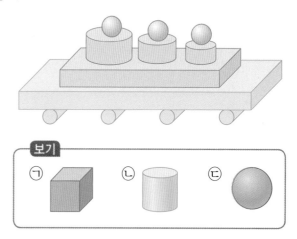

37 가장 많이 사용한 모양을 보기에서 찾아 기호를 쓰세요.

(   )

38 가장 적게 사용한 모양을 보기에서 찾아 기호를 쓰세요.

(   )

39 가와 나의 모양 중에서 🔲 모양을 더 많이 사용한 것의 기호를 쓰세요.

가   나

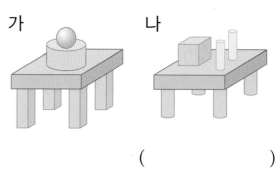

(   )

1 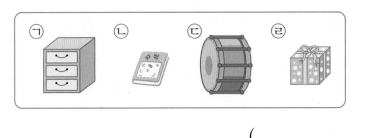 모양이 <u>아닌</u> 것을 찾아 기호를 쓰세요.

(   )

2 모양은 모두 몇 개인가요?

(   )

3 다음 그림에서 개수가 가장 적은 모양을 보기 에서 찾아 기호를 쓰세요.

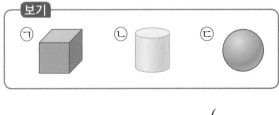

(   )

4 같은 모양끼리 모아놓은 것입니다. 잘못 모은 학생은 누구인가요?

가영 석기 한별

(   )

5 어떤 모양에 대한 설명인지 찾아 기호를 쓰세요.

평평한 부분과 뾰족한 부분이 있습니다.

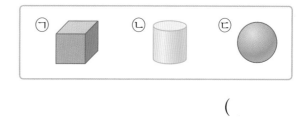

(   )

6 잘못 설명한 것을 찾아 기호를 쓰세요.

ㄱ 모양은 평평한 부분이 있어서 쌓을 수 있습니다.
ㄴ 모양은 한쪽 방향으로만 잘 굴러갑니다.
ㄷ 모양은 어느 방향으로 굴려도 잘 굴러갑니다.

(   )

한쪽 방향으로 잘 굴러가는 모양을 알아봅니다.

7 눕히면 잘 굴러가고 세우면 쌓을 수 있는 물건을 찾아 기호를 쓰세요.

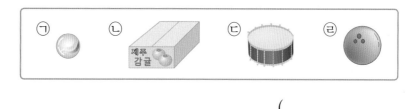

(   )

평평하고 뾰족한 부분이 있는 모양은 📦 모양입니다.

8 어둠상자 속에 들어 있는 물건을 손으로 만져 보고 어떤 모양인지 설명하고 있습니다. 알맞은 물건을 모두 찾아 기호를 쓰세요.

평평하고 뾰족한 부분이 있어.

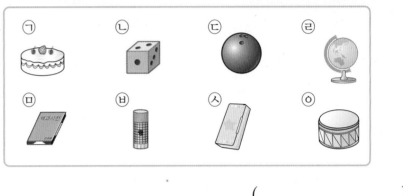

(   )

9 어느 방향으로도 쌓을 수 <u>없는</u> 물건은 모두 몇 개인가요?

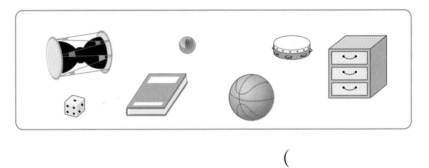

(   )

10 다음 그림과 같이 만드는 데 사용한 📦 모양은 모두 몇 개인가요?

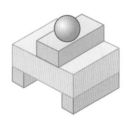

(   )

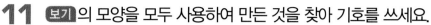

11 보기의 모양을 모두 사용하여 만든 것을 찾아 기호를 쓰세요.

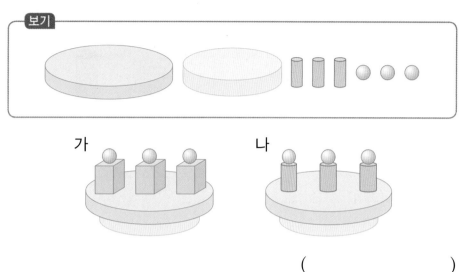

가   나

(   )

12 지혜는 가지고 있는 모양을 모두 사용하여 다음과 같은 모양을 만들었습니다. 지혜가 가지고 있는 모양을 찾아 ○표 하세요.

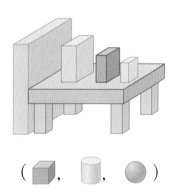

(▨ , ⬭ , ●)

물건이 놓여진 순서를 알아봅니다.

13 아래와 같이 물건을 규칙적으로 늘어 놓았습니다. 빈 곳에 들어갈 물건과 같은 모양을 찾아 ○표 하세요.

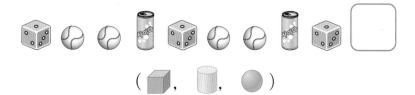

(▨ , ▯ , ●)

step 5 응용 실력높이기

01

먼저 ▢, ▢, ● 모양의 수를 알아봅니다.

여러 가지 물건 중에서 개수가 가장 많은 모양을 찾아 ○표 하세요.

(▢ , ▢ , ●)

02

▢ 모양이 더 많은 것의 기호를 쓰세요.

가

나

(   )

03

예슬이와 상연이가 가지고 있는 물건입니다. 두 사람이 모두 가지고 있는 모양에 ○표 하세요.

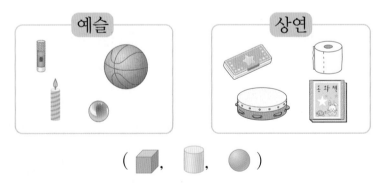

(▢ , ▢ , ●)

04

주어진 조건 에서 설명하는 모양은 〈가〉, 〈나〉에서 모두 몇 개 사용되었는지 구하세요.

조건
• 평평한 부분이 없습니다.
• 뾰족한 부분도 없습니다.

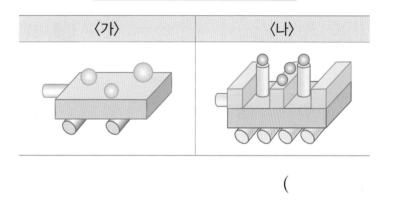

(   )

05

주어진 ⬛, ⬤, ● 모양의 개수와 사용된 ⬛, ⬤, ● 모양의 개수를 비교하여 만들 수 없는 모양을 찾습니다.

⬛ 모양 **2**개, ⬤ 모양 **4**개, ● 모양 **1**개로 만들지 <u>않은</u> 것을 찾아 기호를 쓰세요.

 ㉠

 ㉡

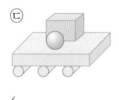 ㉢

(   )

06

아래와 같이 ⬤ 모양을 규칙적으로 쌓으려고 합니다. 여섯째는 다섯째보다 ⬤ 모양이 몇 개 더 많은가요? (단, 보이지 않는 ⬤ 모양은 없습니다.)

첫째

둘째

셋째

……

(   )

07

가에는 없고 나에만 있는 모양을 찾아 ○표 하세요.

가   나

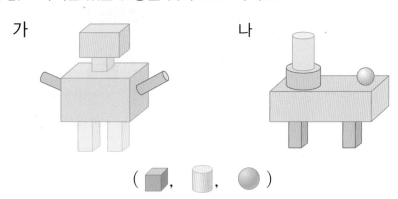

(🔲 , 🔵 , ⚪)

08

가영이는 가지고 있는 모양을 모두 사용하여 다음과 같은 모양을 만들었습니다. 가영이가 가장 많이 가지고 있는 모양을 찾아 기호를 쓰세요.

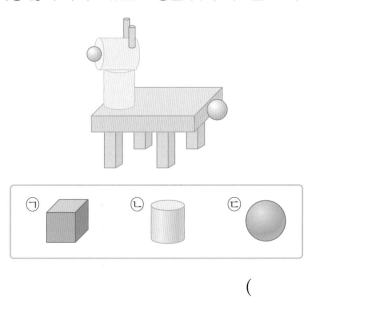

(   )

09

규칙을 찾고 빈 곳에 들어갈 모양을 알아봅니다.

아래와 같이 규칙적으로 모양을 늘어놓았습니다. 빈 곳에 들어갈 모양과 같은 물건을 찾아 기호를 쓰세요.

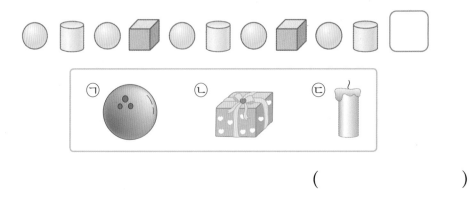

(   )

10 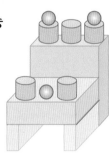, , 모양 중에서 유승이가 석기보다 어떤 모양을 몇 개 더 많이 사용했는지 구하세요.

유승

석기

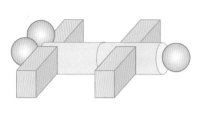

( )

11 가영이는 오른쪽 모양을 만들었더니 모양이 **3**개, 모양이 **1**개 남았습니다. 가영이가 처음 가지고 있던 모양 중 가장 많은 모양은 가장 적은 모양보다 몇 개 더 많은가요?

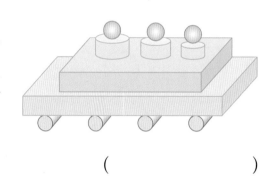

( )

12 만들어진 모양을 보고 <u>잘못</u> 설명한 사람은 누구인가요?

㉮	㉯	㉰

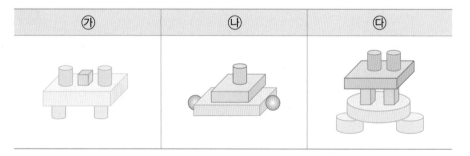

예슬 : 모양을 가장 많이 사용하여 만든 모양은 ㉮입니다.

상연 : 모양을 가장 많이 사용하여 만든 모양은 ㉯입니다.

효근 : 모양과 모양을 가장 많이 사용하여 만든 모양은 ㉰입니다.

( )

1 같은 모양끼리 선으로 이어 보세요.

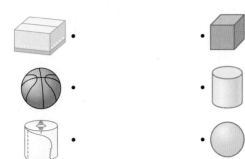

 왼쪽과 같은 모양을 찾아 ○표 하세요.

[2~3]

2

(   ) (   ) (   )

3

(   ) (   ) (   )

4 모양은 모두 몇 개 있나요?

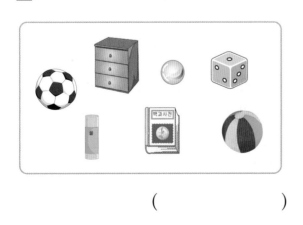

(   )

5 모든 방향으로 잘 굴러가는 모양에 ○표 하세요.

(   ) (   ) (   )

6 나머지 셋과 모양이 <u>다른</u> 하나를 찾아 ×표 하세요.

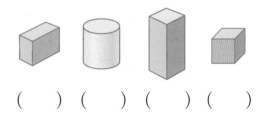

(   ) (   ) (   ) (   )

7 어떤 모양의 일부분을 나타낸 것입니다. 알맞은 모양에 ○표 하세요.

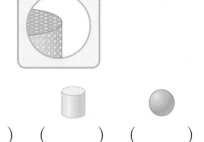

(   ) (   ) (   )

8 어떤 모양의 일부분을 나타낸 것입니다. 이 모양에 대한 설명으로 알맞은 것을 모두 찾아 기호를 쓰세요.

> ㉠ 뾰족한 부분이 있습니다.
> ㉡ 둥근 부분이 있습니다.
> ㉢ 평평한 부분이 있습니다.
> ㉣ 전체가 모두 둥근 부분입니다.

(   )

9 보기의 모양과 같은 모양을 모두 고르세요.

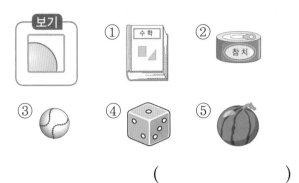

( )

지혜네 집에 있는 물건들을 모아놓은 것입니다. 물음에 답하세요. [10~12]

10 🔲 모양을 모두 찾아 기호를 쓰세요.

( )

11 🔵 모양을 모두 찾아 기호를 쓰세요.

( )

12 🔵 모양을 모두 찾아 기호를 쓰세요.

( )

그림을 보고 물음에 답하세요. [13~14]

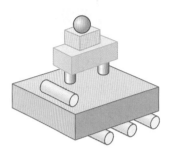

13 사용한 각 모양의 개수를 쓰세요.

🔲 모양 ( )개

🔵 모양 ( )개

🔵 모양 ( )개

14 가장 많이 사용한 모양에 ○표 하세요.

( ) ( ) ( )

15 다음과 같은 모양을 만드는 데 사용하지 <u>않은</u> 모양에 ×표 하세요.

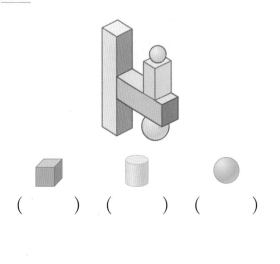

( ) ( ) ( )

16 오른쪽 모양을 만들었더니  모양이 **2**개 남았습니다. 오른쪽 모양을 만들기 전에 있던 모양은 모두 몇 개인가요?

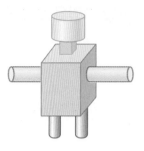

( )

17 그림에서 가장 적게 사용한 모양과 같은 물건을 우리 주변에서 찾아 **3**가지만 쓰세요.

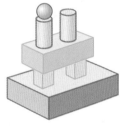

( )

18 아래와 같이 모양을 규칙적으로 늘어 놓았습니다. 빈 곳에 들어갈 모양과 같은 물건을 찾아 기호를 쓰세요.

( )

19 보기의 모양을 모두 사용하여 만든 것은 어느 것인지 풀이 과정을 쓰고 답을 구하세요.

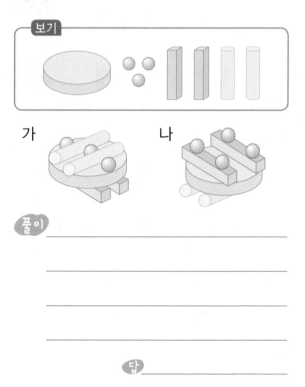

풀이 _____

_____

_____

_____

답 _____

20 영수와 동민이가 각각 만든 모양입니다.  모양은 누가 더 많이 사용했는지 풀이 과정을 쓰고 답을 구하세요.

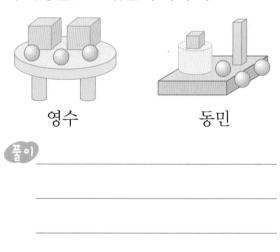

풀이 _____

_____

_____

_____

답 _____

단원 3 덧셈과 뺄셈

이번에 배울 내용

1 수 2, 3을 모으기와 가르기

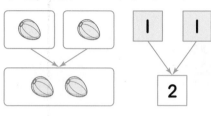

⇨ **1**과 **1**을 모으기 하면 **2**가 됩니다.

⇨ **3**은 **1**과 **2**로 가르기를 할 수 있습니다.

2 수 4, 5를 모으기와 가르기

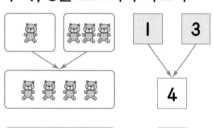

⇨ **1**과 **3**을 모으기 하면 **4**가 됩니다.

⇨ **5**는 **2**와 **3**으로 가르기를 할 수 있습니다.

3 수 6, 7을 모으기와 가르기

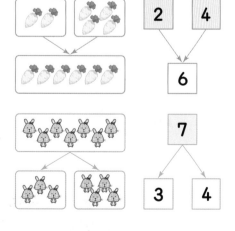

⇨ **2**와 **4**를 모으기 하면 **6**이 됩니다.

⇨ **7**은 **3**과 **4**로 가르기를 할 수 있습니다.

확인문제

1 그림을 보고 □ 안에 알맞은 수를 써넣으세요.

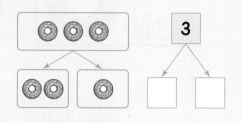

2 빈 곳에 알맞은 수만큼 ○를 그려 보세요.

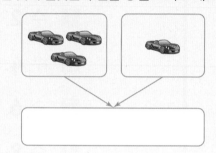

3 빈 곳에 알맞은 수만큼 ○를 그려 보세요.

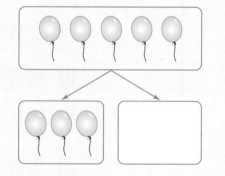

4 그림을 보고 빈 곳에 알맞은 수를 써넣으세요.

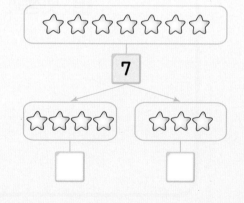

4 수 8, 9를 모으기와 가르기

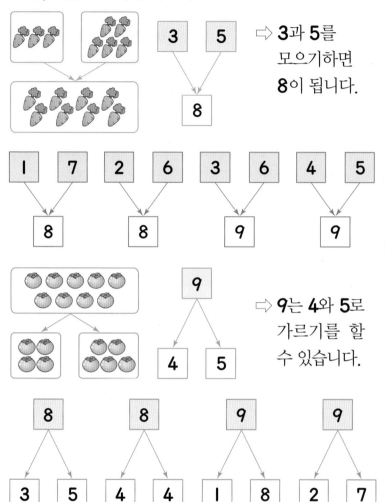

⇨ 3과 5를 모으기하면 8이 됩니다.

⇨ 9는 4와 5로 가르기를 할 수 있습니다.

5 이야기 만들기

• 모은다, 가른다, 더 많다, 더 적다, 모두, 남는다 등을 이용하여 그림을 보고 이야기 만들어 보기

•

〈덧셈 이야기〉

빨간색 구슬이 **5**개 있고 파란색 구슬이 **2**개 있으므로 구슬을 모으면 모두 **7**개입니다.

〈뺄셈 이야기〉

빨간색 구슬이 **5**개 있고 파란색 구슬이 **2**개 있으므로 빨간색 구슬은 파란색 구슬보다 **3**개 더 많습니다.

5 빈 곳에 알맞은 수만큼 ○를 그려 보세요.

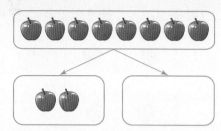

6 빈 곳에 알맞은 수를 써넣으세요.

(1)
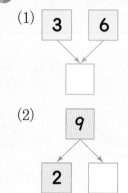

(2) 9

2 ☐

7 그림을 보고 이야기를 만들어 보려고 합니다. ☐ 안에 알맞은 수를 써넣으세요.

(1) 빨간색 풍선이 ☐개 있고 노란색 풍선이 ☐개 있으므로 풍선은 모두 ☐개입니다.

(2) 빨간색 풍선이 ☐개 있고 노란색 풍선이 ☐개 있으므로 빨간색 풍선은 노란색 풍선보다 ☐개 더 적습니다.

유형 1 · 수 2, 3을 모으기와 가르기

그림을 보고 ☐ 안에 알맞은 수를 써넣으세요.

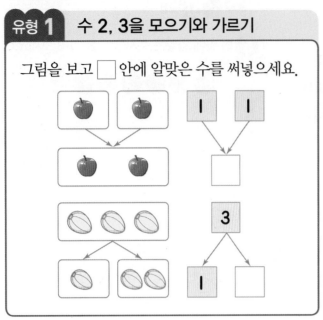

1-1 그림을 보고 ☐ 안에 알맞은 수를 써넣으세요.

(1)

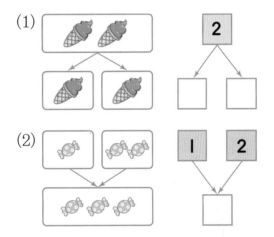

(2)

1-2 빈 곳에 알맞은 수를 써넣으세요.

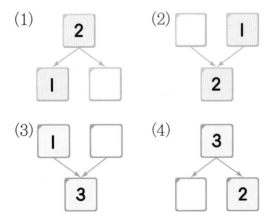

유형 2 · 수 4, 5를 모으기와 가르기

그림을 보고 ☐ 안에 알맞은 수를 써넣으세요.

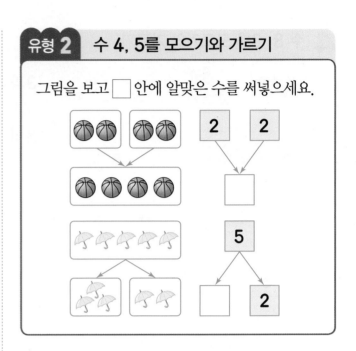

2-1 그림을 보고 빈 곳에 알맞은 수를 써넣으세요.

(1)

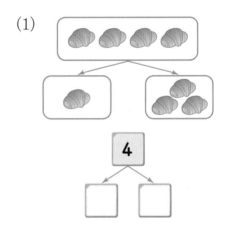

(2)

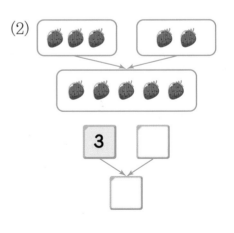

2-2 빈 곳에 알맞은 수만큼 ○를 그려 보세요.

(1)
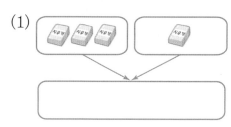

(2)
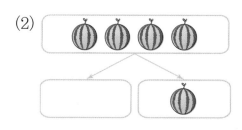

(3)
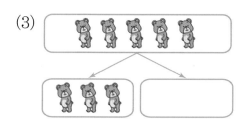

2-3 빈 곳에 알맞은 수를 써넣으세요.

(1)
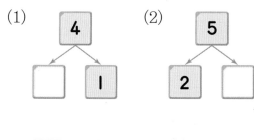

(2)

(3)
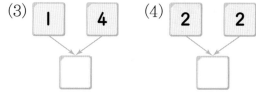

(4)

유형 3 수 6, 7을 모으기와 가르기

그림을 보고 □ 안에 알맞은 수를 써넣으세요.

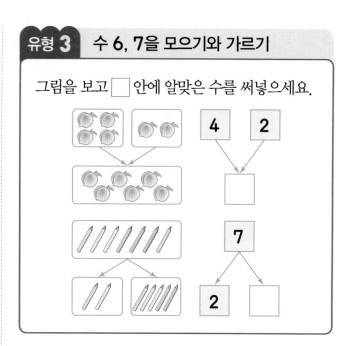

3-1 그림을 보고 빈 곳에 알맞은 수를 써넣으세요.

(1)
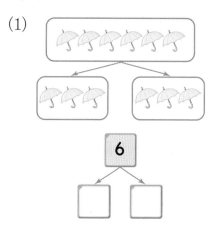

(2)
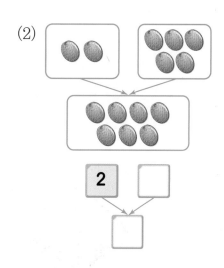

3-2 빈 곳에 알맞은 수만큼 ○를 그려 넣으세요.

(1)
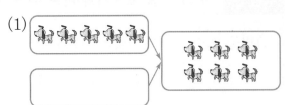

(2)
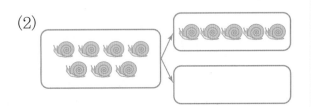

(3)
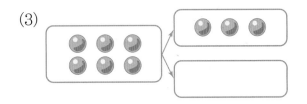

3-3 그림을 보고 ☐ 안에 알맞은 수를 써넣으세요.

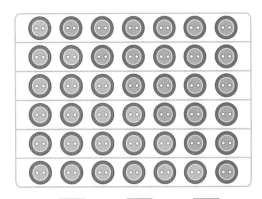

7은 **1**과 ☐, **2**와 ☐, **3**과 ☐, **4**와

☐, **5**와 ☐, **6**과 ☐로 가르기를 할

수 있습니다.

유형 4 수 8, 9를 모으기와 가르기

그림을 보고 ☐ 안에 알맞은 수를 써넣으세요.

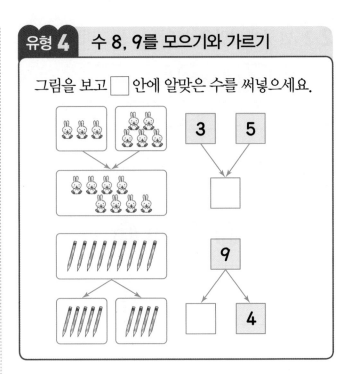

4-1 그림을 보고 빈 곳에 알맞은 수를 써넣으세요.

(1)
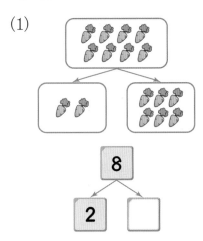

(2)
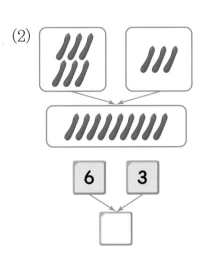

4-2 빈 곳에 알맞은 수만큼 ○를 그려 보세요.

(1)
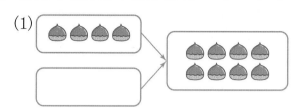

(2)
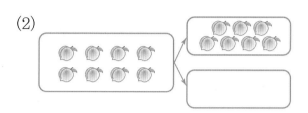

(3)
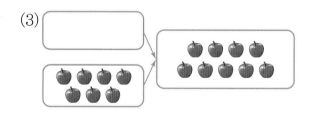

4-3 빈 곳에 알맞은 수를 써넣으세요.

(1) 8 → 1, □

(2) □ 5 → 9

4-4 9를 위와 아래의 두 수로 가르기 하려고 합니다. 빈칸에 알맞은 수를 써넣으세요.

9	1	2		4		7	
			6		4	3		1

유형 5 이야기 만들기

그림을 보고 이야기를 만들어 보려고 합니다. □ 안에 알맞은 수를 써넣으세요.

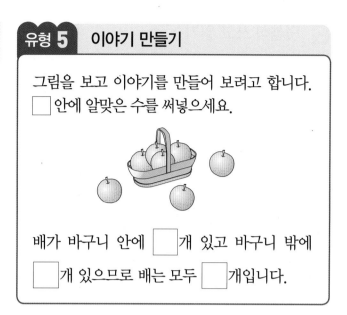

배가 바구니 안에 □개 있고 바구니 밖에 □개 있으므로 배는 모두 □개입니다.

5-1 그림을 보고 덧셈과 관련된 이야기를 만들어 보세요.

5-2 그림을 보고 뺄셈과 관련된 이야기를 만들어 보세요.

step 1 개념 확인하기

6 덧셈식 쓰고 읽기

> 오리 **4**마리가 연못에서 헤엄을 치고 있는데 **2**마리가 연못으로 걸어옵니다. 오리는 모두 몇 마리인지 알아보세요.

⇨ 연못 안에 있는 오리와 연못으로 걸어오는 오리를 더하면 **6**마리입니다.

〈쓰기〉 **4+2=6**

〈읽기〉 **4** 더하기 **2**는 **6**과 같습니다.
　　　4와 **2**의 합은 **6**입니다.

7 덧셈하기

> 빨간색 풍선 **3**개와 노란색 풍선 **5**개가 있습니다. 풍선은 모두 몇 개인지 알아보세요.

〈수판을 이용하여 구하기〉　〈모으기를 이용하여 구하기〉

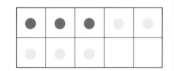

⇨ 3+5=8

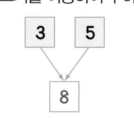

⇨ 3+5=8

8 뺄셈식 쓰고 읽기

> 나뭇가지에 참새 **7**마리가 앉아 있었는데 **3**마리가 날아갔습니다. 나뭇가지에 남아 있는 참새는 몇 마리인지 알아보세요.

⇨ 나뭇가지에 참새가 몇 마리 남아 있는지 뺄셈식으로 나타내면 **7-3=4**입니다.

〈쓰기〉 **7-3=4**

〈읽기〉 **7** 빼기 **3**은 **4**와 같습니다.
　　　7과 **3**의 차는 **4**입니다.

확인문제

1 덧셈식을 쓰고 읽어 보세요.

4+□=□

4 더하기 □은 □과 같습니다.
4와 □의 합은 □입니다.

2 그림을 보고 알맞은 덧셈식을 만들어 보세요.

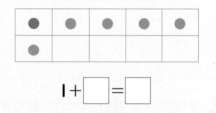

1+□=□

3 뺄셈식을 쓰고 읽어 보세요.

6-□=□

6 빼기 □은 □과 같습니다.
6과 □의 차는 □입니다.

9 뺄셈하기

> 농구공 **5**개와 축구공 **4**개가 있습니다. 농구공은 축구공보다 몇 개 더 많은지 알아보세요.

〈그림을 그려서 구하기〉 | 〈가르기를 이용하여 구하기〉

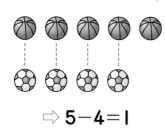

⇨ 5−4=1

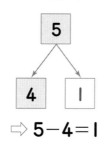

⇨ 5−4=1

10 0을 더하거나 빼기

- (어떤 수)+0=(어떤 수), 0+(어떤 수)=(어떤 수)

  4+0=4, 0+2=2

- (전체)−(전체)=0, (전체)−0=(전체)

  2−2=0, 5−0=5

11 덧셈과 뺄셈하기

✳ 덧셈과 뺄셈하기

- 더하는 수가 1씩 커지면 합도 1씩 커집니다.

  6+1=7, 6+2=8, 6+3=9

- 빼는 수가 1씩 커지면 차는 1씩 작아집니다.

  3−1=2, 3−2=1, 3−3=0

✳ 식을 보고 덧셈과 뺄셈 기호 중 알맞은 기호 찾기

- 덧셈은 왼쪽 두 개의 수보다 결과가 클 경우입니다.
- 뺄셈은 가장 왼쪽의 수보다 결과가 작아집니다.

  2 $+$ 3=5   7 $-$ 1=6

✳ 상황에 맞게 덧셈식과 뺄셈식 만들기

⇨ (예) 5+2=7
   (예) 7−2=5

4 빨간색 구슬은 노란색 구슬보다 몇 개 더 많은지 알아보세요.

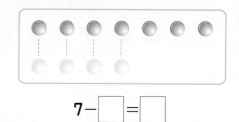

7−☐=☐

3
단원

5 그림을 보고 ☐ 안에 알맞은 수를 써넣으세요.

(1)

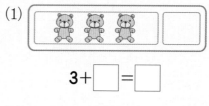

3+☐=☐

(2)

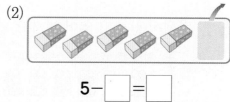

5−☐=☐

6 ☐ 안에 알맞은 수를 써넣으세요.

(1)

3+1=☐,   3+2=☐

3+3=☐,   3+4=☐

(2)

8−1=☐,   8−2=☐

8−3=☐,   8−4=☐

유형 6 덧셈식 쓰고 읽기

덧셈식을 쓰고 읽어 보세요.

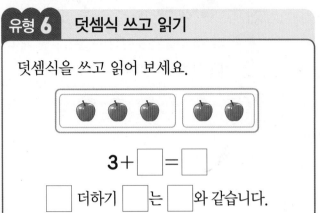

$3+\boxed{}=\boxed{}$

$\boxed{}$ 더하기 $\boxed{}$ 는 $\boxed{}$ 와 같습니다.

6-1 덧셈식을 쓰고 읽어 보세요.

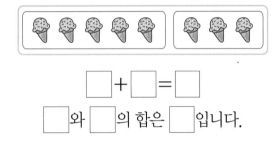

$\boxed{}+\boxed{}=\boxed{}$

$\boxed{}$ 와 $\boxed{}$ 의 합은 $\boxed{}$ 입니다.

6-2 덧셈식을 쓰고 읽어 보세요.

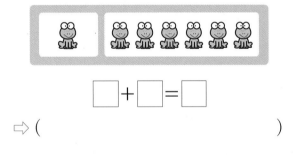

$\boxed{}+\boxed{}=\boxed{}$

⇨ (   )

6-3 관계있는 것끼리 선으로 이어 보세요.

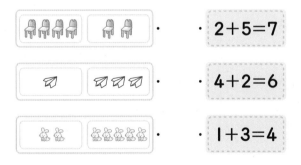

유형 7 덧셈하기

그림을 보고 덧셈을 하세요.

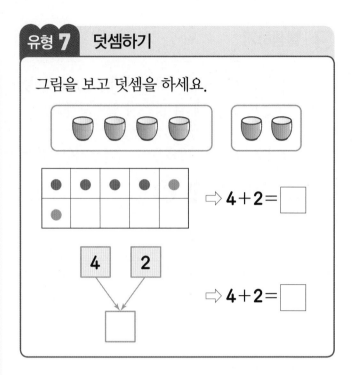

⇨ $4+2=\boxed{}$

⇨ $4+2=\boxed{}$

7-1 그림을 보고 알맞은 덧셈식을 만들어 보세요.

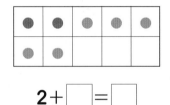

$2+\boxed{}=\boxed{}$

7-2 모으기를 이용하여 덧셈을 하세요.

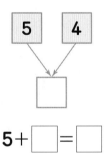

$5+\boxed{}=\boxed{}$

7-3 그림에 맞는 덧셈식을 써 보세요.

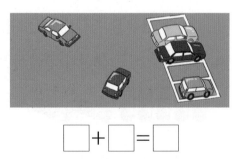

$\boxed{}+\boxed{}=\boxed{}$

유형 8 뺄셈식 쓰고 읽기

뺄셈식을 쓰고 읽어 보세요.

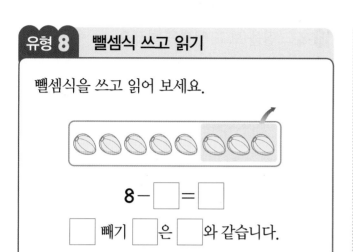

$8-\boxed{}=\boxed{}$

$\boxed{}$ 빼기 $\boxed{}$ 은 $\boxed{}$ 와 같습니다.

8-1 뺄셈식을 쓰고 읽어 보세요.

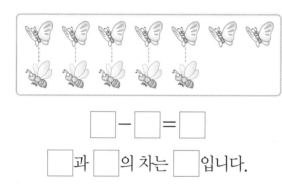

$\boxed{}-\boxed{}=\boxed{}$

$\boxed{}$ 과 $\boxed{}$ 의 차는 $\boxed{}$ 입니다.

8-2 뺄셈식을 쓰고 읽어 보세요.

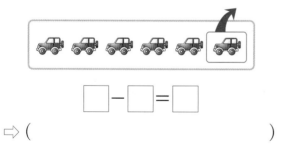

$\boxed{}-\boxed{}=\boxed{}$

⇨ (   )

8-3 관계있는 것끼리 선으로 이어 보세요.

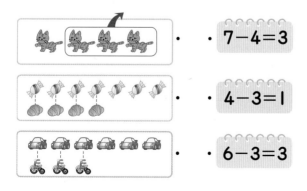

·   · 7-4=3

·   · 4-3=1

·   · 6-3=3

유형 9 뺄셈하기

그림을 보고 뺄셈을 하세요.

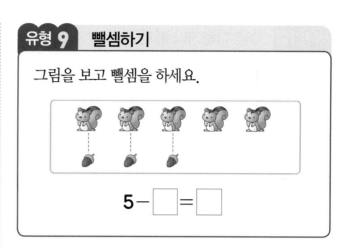

$5-\boxed{}=\boxed{}$

9-1 그림을 보고 뺄셈을 하세요.

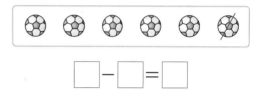

$\boxed{}-\boxed{}=\boxed{}$

9-2 가르기를 이용하여 뺄셈을 하세요.

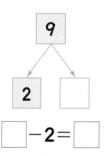

$\boxed{}-2=\boxed{}$

9-3 빵은 우유보다 몇 개 더 많은지 알아보세요.

$8-\boxed{}=\boxed{}$ 이므로 빵은 우유보다

$\boxed{}$ 개 더 많습니다.

유형10 0을 더하거나 빼기

그림을 보고 ☐ 안에 알맞은 수를 써넣으세요.

(1)
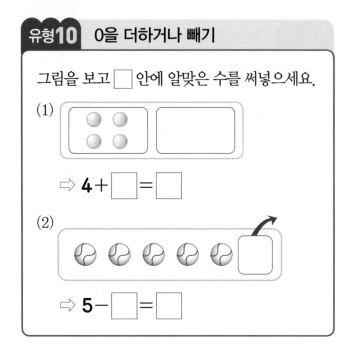

⇨ **4**+☐=☐

(2)

⇨ **5**−☐=☐

10-1 그림을 보고 덧셈을 하세요.

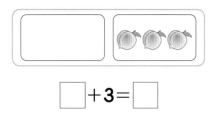

☐+**3**=☐

10-2 ☐ 안에 알맞은 수를 써넣으세요.

8에 ☐ 을 더하거나 ☐ 에 **8**을 더하면 항상 **8**이 나옵니다.

10-3 그림을 보고 보기 와 같이 계산하세요.

보기
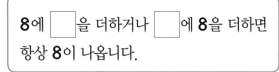 ⇨ **5**+**0**=**5**

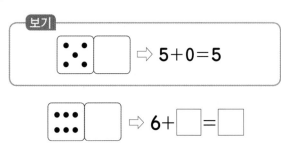 ⇨ **6**+☐=☐

10-4 그림을 보고 뺄셈을 하세요.

7−☐=☐

10-5 뺄셈을 하세요.

(1) **6**−**0**=☐   (2) **8**−**8**=☐

(3) **5**−**5**=☐   (4) **7**−**0**=☐

10-6 계산 결과가 같은 것끼리 선으로 이어 보세요.

| **2**+**0** | · | · | **4**−**4** |

| **9**−**9** | · | · | **2**−**0** |

10-7 다음 중 합이 **5**인 덧셈식을 모두 찾아 기호를 쓰세요.

| ㉠ **0**+**4** | ㉡ **2**+**3** |
| ㉢ **7**+**0** | ㉣ **5**+**0** |

(   )

유형11 덧셈과 뺄셈하기

☐ 안에 알맞은 수를 써넣으세요.

(1) 덧셈에서 더하는 수가 1씩 커지면 합도

☐ 씩 커집니다.

(2) 뺄셈에서 빼는 수가 1씩 커지면 차는

☐ 씩 작아집니다.

11-1 ☐ 안에 알맞은 수를 써넣으세요.

$$1+1=☐ \qquad 5-1=☐$$
$$1+2=☐ \qquad 5-2=☐$$
$$1+3=☐ \qquad 5-3=☐$$
$$1+4=☐ \qquad 5-4=☐$$

11-2 ☐ 안에 +와 − 중 알맞은 것을 써넣으세요.

(1) $8☐2=6$

(2) $4☐5=9$

(3) $7☐0=7$

(4) $3☐2=5$

11-3 합이 같은 덧셈식을 빈 곳에 써넣으세요.

| 8+1 | 7+2 | 6+3 | ☐ |

11-4 그림을 보고 덧셈식과 뺄셈식을 만들어 보세요.

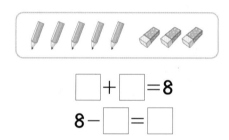

$$☐+☐=8$$
$$8-☐=☐$$

11-5 세 수로 덧셈식과 뺄셈식을 만들어 보세요..

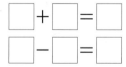

$$☐+☐=☐$$
$$☐-☐=☐$$

1 그림을 보고 ☐ 안에 알맞은 수를 써넣으세요.

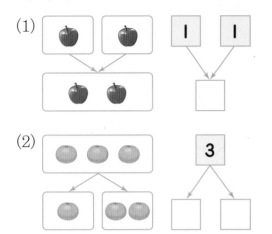

2 빈 곳에 알맞은 수만큼 ○를 그려 넣으세요.

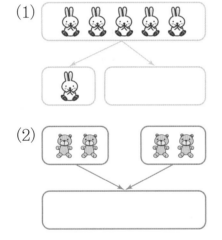

3 빈 곳에 알맞은 수를 써넣으세요.

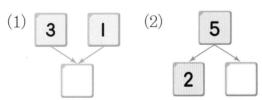

4 그림을 보고 빈 곳에 알맞은 수만큼 △를 그리고 ○ 안에 알맞은 수를 써넣으세요.

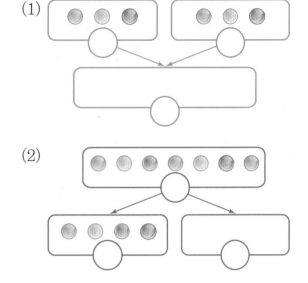

5 빈 곳에 알맞은 수를 써넣으세요.

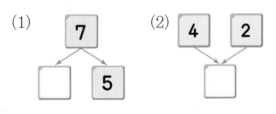

6 7을 위와 아래의 두 수로 가르려고 합니다. 빈칸에 알맞은 수를 써넣으세요.

7	l		3	4		6
		5			2	

7 그림을 보고 빈 곳에 알맞은 수를 써넣으세요.

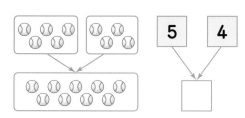

8 두 수를 모아 빈 곳에 알맞은 수를 써넣으세요.

(1)
2	
7	

(2)
5	
3	

9 8이 되도록 빈 곳에 알맞은 수를 써넣으세요.

10 왼쪽의 두 수를 모으면 오른쪽의 수가 되도록 선으로 이어 보세요.

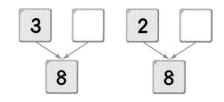

2 1	·	·	9
2 5	·	·	3
2 7	·	·	7

11 파란색 수와 노란색 수의 합이 **5**가 되도록 색을 칠하고 빈 곳에 알맞은 수를 써넣으세요.

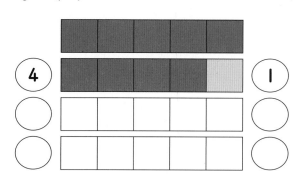

12 두 수를 모았을 때, **6**이 되지 <u>않는</u> 것은 어느 것인가요? (   )

① I과 5   ② 3과 3   ③ 4와 3

④ 4와 2   ⑤ 5와 I

13 3은 I과 어떤 수로 가를 수 있습니다. 어떤 수를 구하세요.

(   )

14 왼쪽의 수를 오른쪽 두 수로 가르기 한 것입니다. 관계있는 것끼리 선으로 이어 보세요.

6	·	·	2 2
9	·	·	I 5
4	·	·	5 4

15 6을 똑같은 두 수로 가르기 하려고 합니다. 빈 곳에 알맞은 수를 써넣으세요.

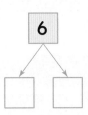

16 그림을 보고 이야기를 만들어 보려고 합니다. ☐ 안에 알맞은 수를 써넣으세요.

놀이터에 ☐명의 어린이들이 놀고 있는데 ☐명이 더 왔습니다.

놀이터에 있는 어린이는 모두 ☐명입니다.

17 그림의 감자와 고구마를 보고 덧셈과 뺄셈 이야기를 만들어 보세요.

감자   고구마

〈덧셈 이야기〉

_____

_____

〈뺄셈 이야기〉

_____

_____

18 그림을 보고 덧셈을 하세요.

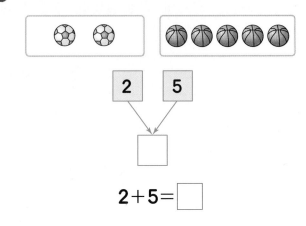

2   5

☐

2+5=☐

19 수판에 ●를 더 그리고 덧셈을 하세요.

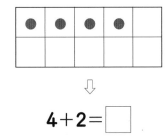

⇩

4+2=☐

20 그림을 보고 알맞은 덧셈식을 만들어 보세요.

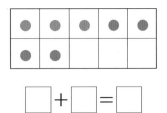

☐+☐=☐

21 그림을 보고 덧셈식을 써 보세요.

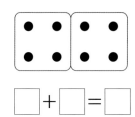

$\square+\square=\square$

22 관계있는 것끼리 선으로 이어 보세요.

· · 3+2=5

· · 1+6=7

23 덧셈식으로 나타내어 보세요.

5와 1의 합은 6입니다.

( )

24 덧셈을 하세요.

(1) 3+6=$\square$

(2) 3+5=$\square$

25 귤이 빨간 바구니에 3개, 파란 바구니에 1개 들어 있습니다. 두 바구니에 있는 귤을 한 곳에 모으면 귤은 모두 몇 개인가요?

( )

26 계산 결과가 더 큰 쪽에 ○표 하세요.

7+1   4+5

( )   ( )

27 계산 결과가 같은 것끼리 이어 보세요.

2+6 ·   · 3+2

1+4 ·   · 4+4

5+2 ·   · 1+6

28 뺄셈식을 쓰고 읽어 보세요.

$8-\square=\square$

8 빼기 $\square$ 는 $\square$ 과 같습니다.

29 그림을 보고 뺄셈을 하세요.

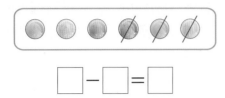

$\square - \square = \square$

30 가르기를 이용하여 뺄셈을 하세요.

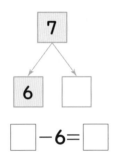

$\square - 6 = \square$

31 빈칸에 두 수의 차를 써넣으세요.

9	6

32 두 수의 차가 같은 것끼리 이어 보세요.

6 − 1 ・   ・ 9 − 6

7 − 4 ・   ・ 8 − 7

5 − 4 ・   ・ 7 − 2

33 계산 결과가 <u>다른</u> 하나를 찾아 ○표 하세요.

5 − 2	7 − 4	8 − 4

(   )   (   )   (   )

34 영수는 가지고 있던 사탕 8개 중에서 2개를 먹었습니다. 남은 사탕은 몇 개인가요?

(   )

35 두 수의 차가 4인 뺄셈식을 2가지 만들어 보세요.

$\square - \square = \square$

$\square - \square = \square$

36 보기와 같이 뺄셈을 하세요.

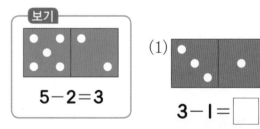

보기

$5 - 2 = 3$

(1)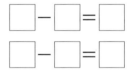

$3 - 1 = \square$

(2)

$8 - 4 = \square$

(3)

$9 - 5 = \square$

37 색연필 **5**자루를 한별이와 지혜가 나누어 가지려고 합니다. 지혜가 **3**자루를 가지면 한별이가 가질 수 있는 색연필은 몇 자루인가요?

(   )

38 마당에 토끼 **3**마리와 병아리 **4**마리가 놀고 있습니다. 마당에 있는 토끼와 병아리는 모두 몇 마리인가요?

(   )

39 지혜는 가지고 있던 귤 **7**개 중에서 몇 개를 먹었더니 **2**개가 남았습니다. 지혜가 먹은 귤은 몇 개인가요?

(   )

40 합이 **5**가 되는 덧셈식을 모두 만들어 보세요.

☐+☐=☐

☐+☐=☐

☐+☐=☐

☐+☐=☐

☐+☐=☐

☐+☐=☐

41 **4**장의 숫자 카드 중에서 가장 큰 수와 가장 작은 수의 차를 구하세요.

| 6 | 2 | 5 | 9 |

(   )

42 계산 결과가 가장 작은 것부터 차례로 기호를 쓰세요.

ㄱ $6-3$ ㄴ $7-2$
ㄷ $8-4$ ㄹ $9-2$

(   )

43 그림을 보고 ☐ 안에 알맞은 수를 써넣으세요.

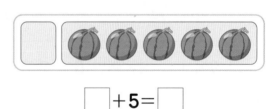

☐+5=☐

44 ☐ 안에 알맞은 수를 써넣으세요.

6에 ☐을 더하거나 ☐에 **6**을 더하면 항상 **6**이 나옵니다.

45 그림을 보고 보기와 같이 계산하세요.

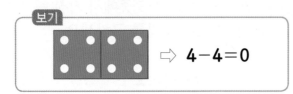

⇨ $4-4=0$

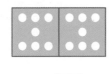

⇨ $7-\boxed{}=0$

46 그림을 보고 ☐ 안에 알맞은 수를 써넣으세요.

$4-\boxed{}=\boxed{}$

47 ☐ 안에 알맞은 수를 써넣으세요.

> 9에서 $\boxed{}$를 빼면 0이 되고 9에서 $\boxed{}$을 빼면 9가 됩니다.

48 계산을 해 보세요.

(1) $0+3=\boxed{}$ (2) $2-0=\boxed{}$

(3) $5-0=\boxed{}$ (4) $7+0=\boxed{}$

49 계산 결과를 찾아 선으로 이어 보세요.

$8-8$ •   • 7

$3-0$ •   • 0

$7-0$ •   • 3

50 다음 중 차가 2인 뺄셈식을 모두 찾아 기호를 쓰세요.

> ㉠ $5-2$ ㉡ $2-0$
> ㉢ $9-5$ ㉣ $6-4$

(   )

51 화살표를 따라 계산하여 빈 곳에 알맞은 수를 써넣으세요.

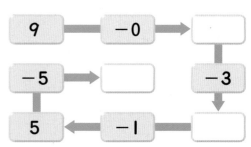

52 ☐ 안에 알맞은 수를 써넣으세요.

$$5+1=\boxed{}$$
$$5+2=\boxed{}$$
$$5+3=\boxed{}$$
$$5+4=\boxed{}$$

더하는 수가 ☐ 씩 커지면 합도 ☐ 씩 커집니다.

53 ☐ 안에 알맞은 수를 써넣으세요.

$$8-1=\boxed{}$$
$$8-2=\boxed{}$$
$$8-3=\boxed{}$$
$$8-4=\boxed{}$$

빼는 수가 ☐ 씩 커지면 차는 ☐ 씩 작아집니다.

54 그림을 보고 ☐ 안에 알맞은 수를 써넣으세요.

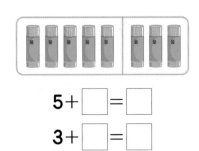

$$5+\boxed{}=\boxed{}$$
$$3+\boxed{}=\boxed{}$$

55 두 사람이 가지고 있는 구슬의 수를 비교하여 알맞은 말에 ○표 하세요.

> • 석기 : 난 빨간색 구슬 **4**개와 초록색 구슬 **2**개를 가지고 있어.
> • 영수 : 난 빨간색 구슬 **2**개와 초록색 구슬 **4**개를 가지고 있어.

두 사람이 가지고 있는 구슬의 수는 (같습니다, 다릅니다).

56 ☐ 안에 ＋와 － 중 알맞은 것을 써넣으세요.

(1) $6\,\boxed{}\,2=4$

(2) $7\,\boxed{}\,1=8$

57 **3**장의 숫자 카드를 이용하여 덧셈식과 뺄셈식을 만들어 보세요.

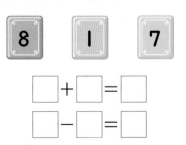

$$\boxed{}+\boxed{}=\boxed{}$$
$$\boxed{}-\boxed{}=\boxed{}$$

1 주어진 수 중 모으기를 하여 **8**이 되는 두 수를 찾아 쓰세요.

| 1 | 3 | 9 | 4 | 5 |

( )

2 두 수를 모으기 하였을 때 나머지와 <u>다른</u> 하나를 찾아 기호를 쓰세요.

ㄱ 2 4   ㄴ 3 3   ㄷ 6 1

( )

ㄱ과 ㄴ에 알맞은 수를 먼저 구한 후 크기를 비교해 봅니다.

3 ㄱ과 ㄴ에 알맞은 수 중 더 큰 수의 기호를 쓰세요.

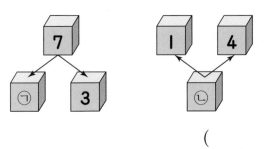

( )

4 그림을 보고 만들 수 있는 식을 모두 찾아 기호를 쓰세요.

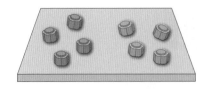

ㄱ 4+4=8
ㄴ 4+2=6
ㄷ 8-4=4

( )

5 모으기를 하여 **9**가 되도록 두 수를 찾아 모두 묶어 보세요.

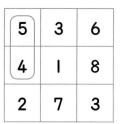

5	3	6
4	1	8
2	7	3

위의 수를 가르기하여 빈 곳에 들어갈 수를 알아봅시다.

6 빈 곳에 들어갈 수가 <u>다른</u> 하나를 찾아 기호를 쓰세요.

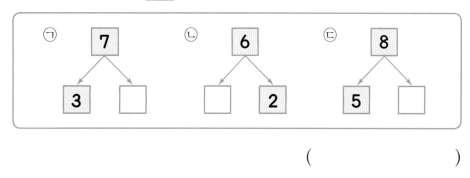

(   )

7 영수는 **1**과 **5**를 모으기 했고 상연이는 **4**와 **3**을 모으기 했습니다. 모으기 한 수가 더 큰 사람은 누구인가요?

(   )

8 **5**장의 숫자 카드 중에서 가장 큰 수와 가장 작은 수를 모으면 얼마인가요?

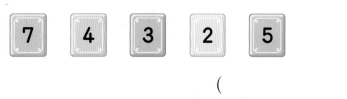

(   )

9 □ 안에 +, − 중 알맞은 기호가 다른 것에 ○표 하세요.

2 □ 6=8	7 □ 7=0	5 □ 3=8
( )	( )	( )

10 유승이와 은지는 주사위 1개를 각각 두 번씩 던졌습니다. 유승이와 은지가 각각 던져서 나온 눈의 합이 같을 때, 빈 곳에 주사위의 눈을 그려 넣으세요.

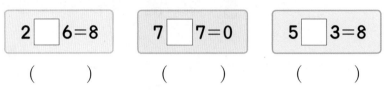

〈유승〉   〈은지〉

11 차가 다른 하나에 ○표 하세요.

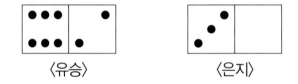

9−3	6−1	8−2
( )	( )	( )

12 구슬을 가영이는 **8**개, 한별이는 **7**개 가지고 있습니다. 가영이는 한별이보다 구슬을 몇 개 더 많이 가지고 있나요?

(   )

13 계산 결과가 같은 것끼리 이어 보세요.

2+5	0+4	5−0
•	•	•
•	•	•
8−3	7−0	6−2

14 ㉠에 차가 같은 뺄셈식을 써 보세요.

6−4	7−5	8−6	㉠

(   )

15 그림과 관계있는 식을 모두 찾아 기호를 쓰세요.

㉠ 3+5=8   ㉡ 8−5=3
㉢ 8−3=5   ㉣ 2+6=8

(   )

16 숫자 카드 **3**장을 이용하여 덧셈식과 뺄셈식을 만들어 보세요.

      5

□+□=□

□−□=□

01

초콜릿 **8**개를 한솔이와 석기가 나누어 먹으려고 합니다. 나누어 먹는 방법은 모두 몇 가지인가요? (단, 한 사람이 모두 먹는 경우는 없습니다.)

( )

02

모으기와 가르기를 하여 ◆, ● 를 알아봅니다.

◆에 알맞은 수를 구하세요.

> • ●와 **2**를 모으면 **6**입니다.
> • ◆는 ●와 **1**로 가를 수 있습니다.

( )

03

7장의 수 카드 중에서 **2**장을 뽑아 차가 **3**이 되는 뺄셈식을 만들려고 합니다. 만들 수 있는 뺄셈식은 모두 몇 가지인가요?

| 0 | 5 | 2 | 4 | 7 | 3 | 8 |

( )

04

그림과 관계 있는 식을 모두 찾아 기호를 쓰세요.

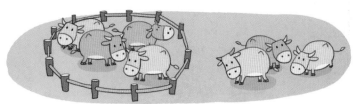

㉠ 4+3=7	㉡ 1+6=7
㉢ 5+2=7	㉣ 3+4=7
㉤ 7-3=4	㉥ 8-3=5
㉦ 8-4=4	㉧ 7-4=3

( )

05

각각을 계산한 후에 계산 결과의 크기를 비교합니다.

계산 결과가 가장 작은 것부터 순서대로 기호를 쓰세요.

| ㉠ 6-3 | ㉡ 8-1 |
| ㉢ 7-2 | ㉣ 9-5 |

( )

06

유승이가 가진 구슬 8개를 양손에 똑같이 나누어 쥔 후 한 손에 든 구슬을 한솔이에게 주면 한솔이가 가진 구슬은 7개가 됩니다. 처음에 한솔이가 가지고 있던 구슬은 몇 개인가요?

( )

07 합이 **9**, 차가 **3**이 되는 두 수가 있습니다. 두 수 중 더 작은 수는 얼마인가요?

( )

08 지혜가 과일 가게에서 사과를 **3**개 사고 배는 사과보다 **2**개 더 많이 사왔습니다. 지혜가 과일 가게에서 산 사과와 배는 모두 몇 개인가요?

( )

09 동민이는 빨간색 구슬을 **5**개, 노란색 구슬을 **4**개 가지고 있고 한솔이는 빨간색 구슬을 **2**개, 노란색 구슬을 **6**개 가지고 있습니다. 동민이는 한솔이보다 구슬을 몇 개 더 많이 가지고 있나요?

( )

10

같은 모양은 같은 수를 나타냅니다. ◯가 나타내는 수는 얼마인가요?

$$◯-▨=5 \qquad △+△=6 \qquad △+▨=7$$

(   )

11

㉮, ㉯, ㉰의 카드 뒷면에는 **1**부터 **9**까지의 수 중 서로 다른 수가 **1**개씩 적혀 있습니다. ㉮와 ㉯에 적힌 수를 모으면 **4**이고 ㉮와 ㉰에 적힌 수를 모으면 **6**입니다. ㉯와 ㉰에 적힌 수를 모으면 **8**일 때 ㉮, ㉯, ㉰ 세 수를 모으면 얼마인가요?

㉮ ㉯ ㉰

(   )

12

◯과 ▨은 **1**부터 **9**까지의 수 중에서 서로 다른 수를 각각 나타냅니다. 오른쪽 식을 보고 ◯+▨의 값을 구하세요. (단, 같은 모양은 같은 수를 나타냅니다.)

$$5+◯=8$$
$$◯+◯=▨$$

(   )

그림을 보고 빈 곳에 알맞은 수를 써넣으세요. [1~2]

1

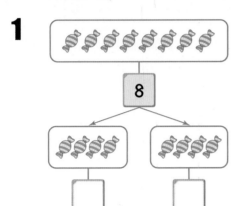

2

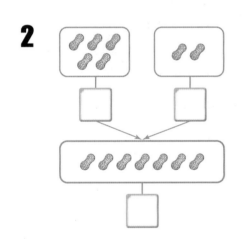

그림을 보고 빈 곳에 알맞은 수만큼 ○를 그려 보세요. [3~4]

3

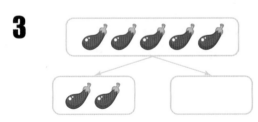

4

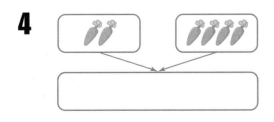

5 빈 곳에 알맞은 수를 써넣으세요.

(1)

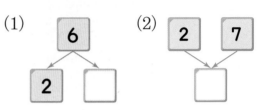

(2)

6 두 수를 모아 **8**이 되지 <u>않는</u> 것은 어느 것인가요? ( )

① 2 6 ② 1 7

③ 5 2 ④ 4 4

7 왼쪽의 두 수를 모으면 오른쪽 수가 됩니다. 관계있는 것끼리 선으로 이어 보세요.

3 3 ·   · 6

1 8 ·   · 7

6 1 ·   · 9

8~9 그림을 보고 □ 안에 알맞은 수를 써넣으세요.

8

$2+5=\square$

9

$8-6=\square$

10 그림과 관계있는 식을 찾아 선으로 이어 보세요.

 ·   · $4+2=6$

·   · $4-3=1$

·   · $5-2=3$

11 ㉠과 ㉡의 합을 구하세요.

$2+1=㉠$ $3+3=㉡$

(   )

12 □ 안에 들어갈 수가 나머지와 다른 하나는 어느 것인가요? (   )

① $5+\square=5$ ② $\square+7=7$

③ $6-\square=6$ ④ $3-2=\square$

⑤ $8-8=\square$

13 케이크가 6조각 있었습니다. 그중에서 2조각을 먹었습니다. 남은 케이크는 몇 조각인가요?

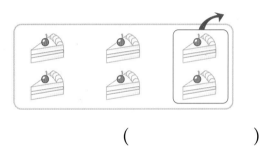

(   )

14 계산 결과가 더 큰 것에 ○표 하세요.

$8-6$	$7-3$
( )	( )

15 다음 중 두 수의 차가 4인 것은 어느 것인가요? (   )

① $5-2$ ② $6-0$ ③ $8-4$

④ $7-1$ ⑤ $9-6$

16 3장의 숫자 카드 중에서 가장 큰 수와 가장 작은 수의 합을 구하세요.

(   )

17 검은색 바둑돌이 **9**개, 흰색 바둑돌이 **5**개 있습니다. 검은색 바둑돌은 흰색 바둑돌보다 몇 개 더 많은가요?

(   )

18 계산 결과가 가장 큰 것을 찾아 기호를 쓰세요.

㉠ 4+1	㉡ 3+5
㉢ 7-4	㉣ 9-2

(   )

서술형

19 귤 6개를 예슬이와 지혜가 나누어 먹으려고 합니다. 나누어 먹는 방법은 모두 몇 가지인지 풀이 과정을 쓰고 답을 구하세요. (단, 한 사람이 모두 먹는 경우는 없습니다.)

풀이 _____

_____

_____

_____

_____

답 _____

20 상연이와 영수가 도미노를 골라 나온 점의 수의 차가 큰 사람이 이기는 경기를 했습니다. 이긴 사람은 누구인지 풀이 과정을 쓰고 답을 구하세요.

 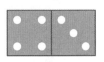

상연   영수

풀이 _____

_____

_____

_____

답 _____

단원 4 비교하기

 4. 비교하기

1 길이 비교하기

✽ 두 물건의 길이 비교하기

 더 길다

더 짧다

✽ 세 물건의 길이 비교하기

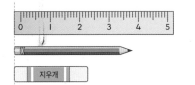 가장 길다

가장 짧다

• 두 사람의 키를 비교할 때는 '더 크다', '더 작다' 로 나타내고, 세 사람의 키를 비교할 때는 '가장 크다', '가장 작다'로 나타냅니다.
• 두 건물의 높이를 비교할 때는 '더 높다', '더 낮다' 로 나타내고, 세 건물의 높이를 비교할 때는 '가장 높다', '가장 낮다'로 나타냅니다.

2 무게 비교하기

✽ 두 물건의 무게 비교하기

더 무겁다   더 가볍다

✽ 세 물건의 무게 비교하기

가장 무겁다   가장 가볍다

• 양손으로 직접 들어 보았을 때, 힘이 더 드는 쪽 이 더 무겁습니다.
• 시소나 양팔 저울에서는 무거운 쪽이 내려갑니다.

확인문제

1 더 긴 것에 ○표 하세요.

(   )

(   )

2 가장 긴 것에 ○표, 가장 짧은 것에 △표 하세요.

(   )

(   )

(   )

3 다음 그림을 보고 물음에 답하세요.

동민   효근   예슬

(1) 효근이와 예슬이 중 키가 더 작은 사 람은 누구인가요?

(   )

(2) 동민, 효근, 예슬이 중에서 키가 가 장 큰 사람은 누구인가요?

(   )

4 더 무거운 것에 ○표 하세요.

(   )   (   )

5 가장 가벼운 것에 △표 하세요.

(   ) (   ) (   )

3 넓이 비교하기

✻ 두 물건의 넓이 비교하기

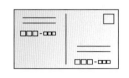

더 넓다   더 좁다

- 물건을 직접 맞대어 보았을 때, 남는 부분이 있는 쪽이 더 넓습니다.

✻ 세 물건의 넓이 비교하기

가장 넓다   가장 좁다

4 담을 수 있는 양 비교하기

✻ 담을 수 있는 양 비교하기

더 많다   더 적다

가장 적다   가장 많다

- 그릇의 크기가 다를 때에는 그릇의 크기를 비교합니다.

✻ 담긴 양 비교하기

더 많다 더 적다   가장 적다 가장 많다

- 그릇의 모양과 크기가 같을 때 담긴 양을 비교하려면 들어 있는 물의 높이를 비교합니다.

확인문제

6 더 넓은 것에 ○표 하세요.

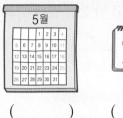

(   )   (   )

7 가장 좁은 것에 △표 하세요.

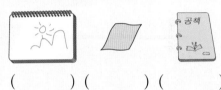

(   ) (   ) (   )

8 담을 수 있는 물의 양이 가장 많은 것에 ○표, 가장 적은 것에 △표 하세요.

(   ) (   ) (   )

9 담긴 물의 양이 더 많은 것에 ○표 하세요.

(   )   (   )

유형 **1** 길이 비교하기

그림을 보고 알맞은 말에 ◯표 하세요.

(1) 가위는 풀보다 더 (깁니다 , 짧습니다).

(2) 풀은 가위보다 더 (깁니다 , 짧습니다).

1-1 더 짧은 것에 △표 하세요.

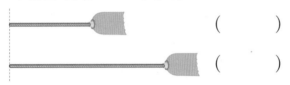

(   )

(   )

1-2 더 긴 것을 찾아 기호를 쓰세요.

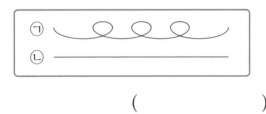

(   )

1-3 가장 짧은 것부터 순서대로 **1**, **2**, **3**을 쓰세요.

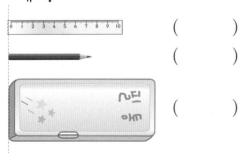

(   )

(   )

(   )

1-4 더 높은 것에 ◯표 하세요.

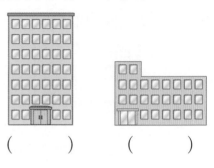

(   )   (   )

1-5 알맞은 말에 ◯표 하세요.

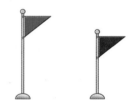

(1) 파란 깃발은 빨간 깃발보다 더
(높습니다 , 낮습니다).

(2) 빨간 깃발은 파란 깃발보다 더
(높습니다 , 낮습니다).

1-6 키가 가장 큰 사람에 ◯표, 가장 작은 사람에 △표 하세요.

(   )   (   )   (   )

유형 2 무게 비교하기

그림을 보고 알맞은 말에 ○표 하세요.

(1) 사과는 수박보다 더
　　　(무겁습니다 , 가볍습니다).

(2) 수박은 사과보다 더
　　　(무겁습니다 , 가볍습니다).

2-1 더 무거운 것에 ○표 하세요.

(　　) 　 (　　)

2-2 더 가벼운 것에 △표 하세요.

(　　) 　 (　　)

2-3 그림을 보고 알맞은 말에 ○표 하세요.

(1) 수박은 복숭아보다 더
　　　(무겁습니다 , 가볍습니다).

(2) 복숭아는 수박보다 더
　　　(무겁습니다 , 가볍습니다).

2-4 가장 무거운 것에 ○표, 가장 가벼운 것에 △표 하세요.

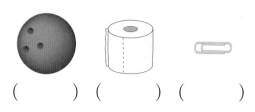

(　　) (　　) (　　)

2-5 가장 가벼운 것을 찾아 기호를 쓰세요.

(　　　　　　)

2-6 가장 무거운 동물부터 순서대로 1, 2, 3을 쓰세요.

(　　) (　　) (　　)

유형 3 넓이 비교하기

그림을 보고 알맞은 말에 ○표 하세요.

(1) 스케치북은 사진보다 더
(넓습니다 , 좁습니다).

(2) 사진은 스케치북보다 더
(넓습니다 , 좁습니다).

3-1 더 넓은 것에 ○표 하세요.

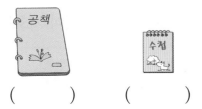

(   )   (   )

3-2 더 좁은 것에 △표 하세요.

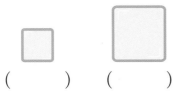

(   )   (   )

3-3 크기가 같은 색종이로 만든 모양입니다.
더 넓은 것을 찾아 기호를 쓰세요.

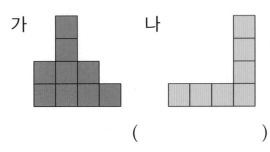

(   )

3-4 종이를 포개어 넓이를 비교하려고 합니
다. 바르게 비교한 것에 ○표 하세요.

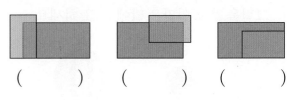

(   )   (   )   (   )

3-5 가장 넓은 것에 ○표, 가장 좁은 것에 △
표 하세요.

(   )   (   )   (   )

3-6 가장 넓은 것부터 순서대로 **1**, **2**, **3**을
쓰세요.

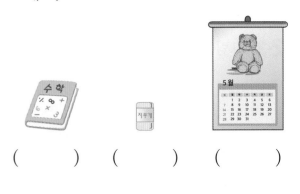

(   )   (   )   (   )

유형 4 담을 수 있는 양 비교하기

담긴 물의 양이 더 많은 것에 ○표, 더 적은 것에 △표 하세요.

( )　( )

4-1 담긴 물의 양이 더 많은 것에 ○표 하세요.

(1)

( )　( )

(2)

( )　( )

4-2 담긴 물의 양이 가장 많은 것부터 순서대로 **1, 2, 3**을 쓰세요.

( )　( )　( )

4-3 담을 수 있는 양이 더 적은 것에 ○표 하세요.

( )　( )

4-4 담을 수 있는 양이 가장 많은 쪽에 ○표, 가장 적은 쪽에 △표 하세요.

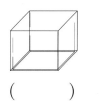

( )　( )　( )

4-5 우유를 가장 많이 담을 수 있는 것을 찾아 기호를 쓰세요.

( )

1 더 긴 것에 ○표 하세요.

(   )

(   )

2 더 짧은 것에 △표 하세요.

(   )

지우개 (   )

3 관계있는 것끼리 선으로 이어 보세요.

• 더 길다

• 더 짧다

4 □ 안에 알맞은 말을 써넣으세요.

□ 는 □ 보다 더 짧습니다.

5 가장 긴 것에 ○표, 가장 짧은 것에 △표 하세요.

크레파스 (   )

(   )

(   )

6 가장 짧은 것을 찾아 기호를 쓰세요.

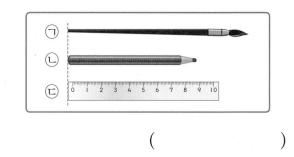

ㄱ

ㄴ

ㄷ   0 1 2 3 4 5 6 7 8 9 10

(   )

7 길이가 비슷한 연필의 길이를 맞대어 비교하려고 합니다. 가장 바르게 비교한 것을 찾아 기호를 쓰세요.

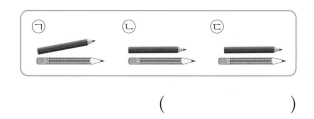

ㄱ   ㄴ   ㄷ

(   )

8 가장 긴 것부터 순서대로 1, 2, 3을 쓰세요.

(   )

(   )

(   )

9 길이가 가장 긴 것에 ○표, 가장 짧은 것에 △표 하세요.

～～～～～ ( )

─────── ( )

ｅｅｅｅｅｅｅ ( )

10 친구들이 가지고 있는 색연필을 늘어놓았습니다. 가장 긴 색연필을 가지고 있는 사람은 누구인가요?

예슬 ▬▬▬▬▬

상연 ▬▬▬▬▬▬

한솔 ▬▬▬

( )

11 가보다 더 긴 것을 모두 찾아 기호를 쓰세요.

가 ▬▬▬▬▬

나 ▬▬▬▬

다 ▬▬▬

라 ▬▬▬▬▬

( )

12 그림을 보고 ☐ 안에 알맞은 말을 써넣으세요.

지혜   영수

☐ 는 ☐ 보다 키가 더 큽니다.

☐ 는 ☐ 보다 키가 더 작습니다.

13 키가 가장 큰 사람에 ○표 하세요.

( ) ( ) ( )

14 더 높은 것에 ○표 하세요.

( )   ( )

15 더 낮은 것에 △표 하세요.

( )   ( )

16 가장 높게 연을 날리고 있는 동물에 ○표, 가장 낮게 연을 날리고 있는 동물에 △표 하세요.

( )   ( )   ( )

17 가장 낮은 것과 가장 높은 것을 찾아 기호를 쓰세요.

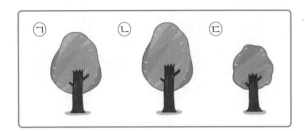

가장 낮은 것 (   )

가장 높은 것 (   )

18 가장 높게 올라간 어린이의 이름을 쓰세요.

동민   가영   효근

(   )

19 필통과 연필의 무게를 비교하려고 합니다. 알맞은 말에 ○표 하세요.

(1) 필통은 연필보다 더
　　　　(무겁습니다 , 가볍습니다).

(2) 연필은 필통보다 더
　　　　(무겁습니다 , 가볍습니다).

20 무게를 비교하여 □ 안에 알맞은 말을 써넣으세요.

참외   멜론

□ 은 □ 보다 더 무겁습니다.

□ 는 □ 보다 더 가볍습니다.

21 더 무거운 것에 ○표 하세요.

(   )   (   )

22 더 가벼운 것에 △표 하세요.

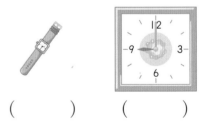

(   )   (   )

23 보기 보다 가벼운 것에 ○표 하세요.

보기

(   )   (   )

24 더 무거운 것에 ○표 하세요.

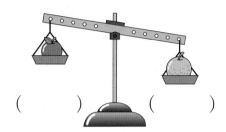

(   )   (   )

25 주어진 말에 맞도록 (   ) 안에 친구의 이름을 써보세요.

> 석기는 효근이보다 더 가볍습니다.

(   )   (   )

26 알맞은 말에 ○표 하세요.

> 야구공은 (볼링공, 풍선)보다 더 무겁고, (볼링공, 풍선)보다 더 가볍습니다.

27 가장 무거운 것에 ○표 하세요.

(   )   (   )   (   )

28 가장 가벼운 것을 찾아 기호를 쓰세요.

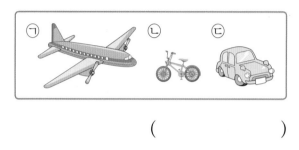

(   )

29 가장 무거운 것에 ○표, 가장 가벼운 것에 △표 하세요.

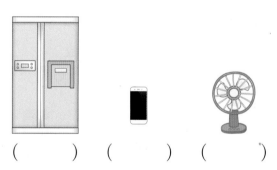

(   )   (   )   (   )

30 가장 무거운 동물부터 순서대로 1, 2, 3을 쓰세요.

(   )   (   )   (   )

31 가장 무거운 과일부터 순서대로 이름을 쓰세요.

수박　　　　딸기　　　　포도

(　　　　　　　　　　　)

32 알맞은 말에 ○표 하세요.

100원짜리 동전은 500원짜리 동전보다 더 (좁습니다, 넓습니다).

33 더 넓은 것에 ○표 하세요.

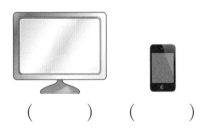

(　　　)　　(　　　)

34 더 좁은 것에 △표 하세요.

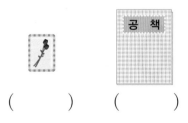

(　　　)　　(　　　)

35 종이를 포개어 넓이를 비교하려고 합니다. 바르게 비교한 것을 찾아 기호를 쓰세요.

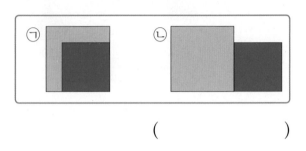

(　　　　　　　　　　)

36 보기에서 알맞은 장소를 찾아 □ 안에 써 넣으세요.

보기
화장실	운동장

교실보다 더 넓은 곳은 □ 입니다.

37 보기에서 알맞은 말을 찾아 □ 안에 써 넣으세요.

보기
많습니다	넓습니다
적습니다	좁습니다

(1)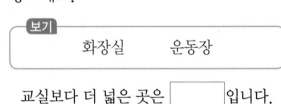

통장은 지우개보다 더 □ .

(2)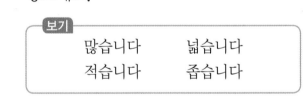

사진은 스케치북보다 더 □ .

38 예슬이와 동민이는 도화지를 똑같은 크기로 나누어 각각 다음과 같이 색칠하였습니다. 더 넓게 색칠한 사람은 누구인가요?

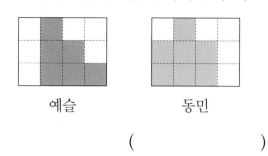

예슬   동민

(   )

39 수를 순서대로 이어 보고, 더 좁은 쪽에 ○표 하세요.

(   )   (   )

40 왼쪽보다 넓고 오른쪽보다 좁게 색칠해 보세요.

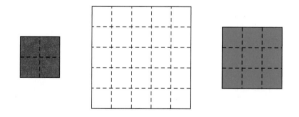

41 가장 넓은 것에 ○표, 가장 좁은 것에 △표 하세요.

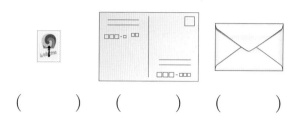

(   )   (   )   (   )

42 가장 넓은 것부터 순서대로 1, 2, 3을 쓰세요.

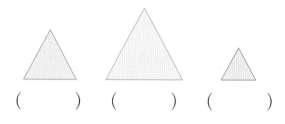

(   )   (   )   (   )

43 계산기보다 더 좁은 것에 △표 하세요.

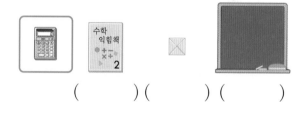

(   ) (   ) (   )

44 담긴 음료수의 양이 더 많은 것에 ○표 하세요.

(   )   (   )

45 담을 수 있는 양이 더 많은 것에 ○표 하세요.

(   )   (   )

46 두 개의 빈 병에 담을 수 있는 물의 양을 비교하려고 합니다. 관계있는 것끼리 선으로 이어 보세요.

더 많다   더 적다

47 담긴 물의 양의 양이 더 많은 것을 찾아 기호를 쓰세요.

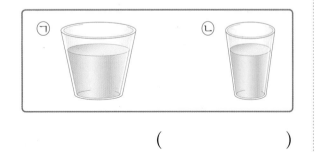

(   )

48 담긴 물의 양이 더 적은 것을 찾아 기호를 쓰세요.

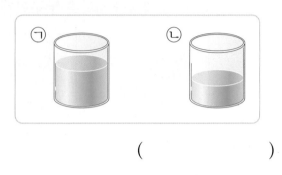

(   )

49 그림을 보고 알맞은 말에 ○표 하세요.

효근   지혜

효근이의 물병은 지혜의 물병보다 담을 수 있는 양이 더 (많습니다, 적습니다).

50 물을 옮겨 담으면 물의 높이는 어떻게 될지 그려 보세요.

51 담을 수 있는 양이 가장 많은 것에 ○표 하세요.

( )　( )　( )

52 담긴 물의 양이 가장 많은 것에 ○표, 가장 적은 것에 △표 하세요.

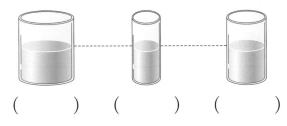

( )　( )　( )

53 담긴 주스의 양이 가장 적은 것부터 순서대로 1, 2, 3을 쓰세요.

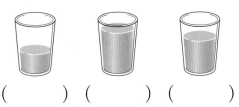

( )　( )　( )

54 왼쪽 그릇에 가득 담긴 물을 넘치지 않게 모두 옮겨 담을 수 있는 그릇을 찾아 기호를 쓰세요.

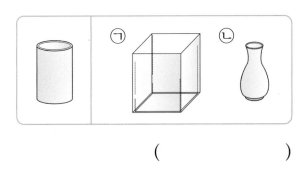

( )

55 우유가 보기 보다 더 많이 담긴 것을 찾아 기호를 쓰세요.

( )

56 물을 왼쪽 그릇보다 더 많이 담을 수 있는 것을 찾아 기호를 쓰세요.

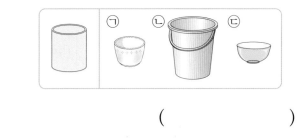

( )

57 그릇에 담긴 주스의 양에 대하여 바르게 말한 사람은 누구인가요?

가　　　나　　　다

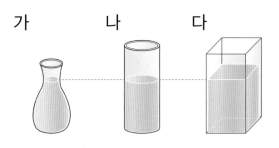

동민 : 다 그릇이 가장 크니까 담긴 주스의 양이 가장 많아.

영수 : 나 그릇의 높이가 가장 높으니까 담긴 주스의 양이 가장 많아.

( )

1 길이가 가장 긴 연필은 어느 것인가요? (   )

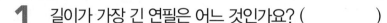
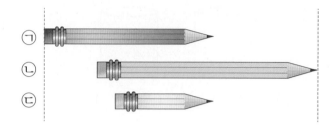

① ㉠ 연필   ② ㉡ 연필   ③ ㉢ 연필
④ 모두 길이가 같습니다.

그림을 보고 물음에 답하세요. **[2~3]**

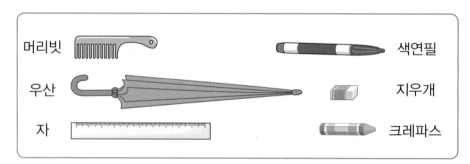

2 색연필보다 더 긴 것을 모두 찾아 쓰세요.

(   )

3 머리빗보다 더 짧은 것을 모두 찾아 쓰세요.

(   )

4 길이가 가장 긴 것은 어느 것인가요? (   )

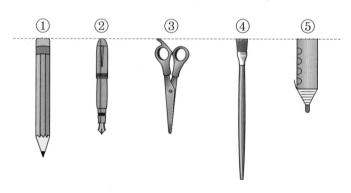

5 지혜, 석기, 웅이의 키를 비교하려고 합니다. ☐ 안에 알맞은 말을 써넣으세요.

지혜   석기   웅이

웅이는 키가 ☐보다 더 크고, ☐보다 더 작습니다.

세 사람 중 ☐가 가장 크고 ☐가 가장 작습니다.

4 단원

6 책상보다 더 높은 것에 모두 ○표 하세요.

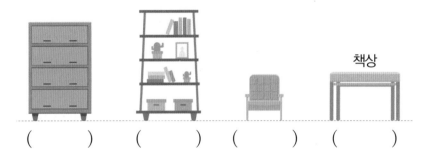

책상

(   ) (   ) (   ) (   )

7 책보다 무거운 물건은 모두 몇 개인지 구하세요.

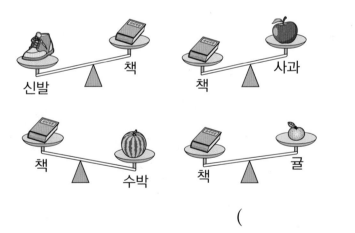

신발   책   책   사과

책   수박   책   귤

(   )

고무줄이 가장 적게 늘어난 것이 가장 가볍습니다.

8 길이가 같은 고무줄에 과일을 매달았습니다. 가장 가벼운 과일부터 순서대로 쓰세요.

귤

복숭아

수박

(   )

9 대화를 읽고 가장 무거운 사람의 이름을 쓰세요.

> • 지혜 : 난 가영이보다 더 가벼워.
> • 가영 : 난 예슬이보다 더 무거운 걸.
> • 예슬 : 난 지혜보다 더 무거워.

(   )

양팔 저울에서 아래로 내려간 쪽이 더 무겁습니다.

10 다음 중 둘째로 무거운 상자는 몇 번 상자인가요?

(   )

11 크기가 같은 색종이로 만든 모양입니다. 가장 넓은 것을 찾아 기호를 쓰세요.

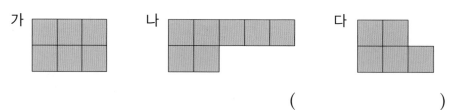

(   )

12 두 사람의 밭을 1칸의 크기가 모두 같도록 나누어 표시했습니다. 색칠된 부분에는 '토마토'를, 색칠되지 않은 부분에는 '딸기'를 심었습니다. 다음 설명 중 옳은 것은 어느 것인가요? (   )

민희네 밭   수영이네 밭

① 수영이네 밭이 민희네 밭보다 좁습니다.

② 민희네 밭이 수영이네 밭보다 좁습니다.

③ 딸기를 심은 부분은 민희네 밭이 더 넓습니다.

④ 토마토를 심은 부분은 수영이네 밭이 더 넓습니다.

⑤ 두 사람의 밭에 토마토를 심은 부분의 넓이는 같습니다.

13 가장 좁은 칸에 노란색, 가장 넓은 칸에 파란색을 칠해 보세요.

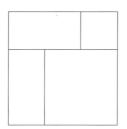

4 단원

14 영수, 동민, 한별이가 똑같은 컵에 주스를 가득 담은 후 각각 마셨더니 다음과 같이 남았습니다. 주스를 가장 많이 마신 학생은 누구인가요?

영수   동민   한별

(   )

가득 따른 컵의 수가 많을수록 담을 수 있는 물의 양이 더 많습니다.

15 주전자와 양동이에 물을 가득 채워 모양과 크기가 같은 컵에 각각 담았더니 그림과 같았습니다. 주전자와 양동이 중에서 담을 수 있는 양이 더 많은 것은 어느 것인가요?

주전자   양동이

(   )

16 그릇 ㉮, ㉯, ㉰ 중에서 담을 수 있는 양이 가장 많은 그릇은 어느 것인 가요?

- ㉮ 그릇에 물을 가득 담아 ㉯ 그릇에 부으면 물이 넘칩니다.
- ㉮ 그릇에 물을 가득 담아 ㉰ 그릇에 부으면 가득 차지 않습니다.

(   )

01

학교에서 가영이네 집까지 가는 길을 나타낸 것입니다. 어느 길이 가장 짧은지 기호를 쓰세요.

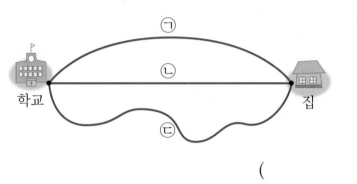

(   )

02

둘째로 높은 건물은 어느 건물인지 기호를 쓰세요.

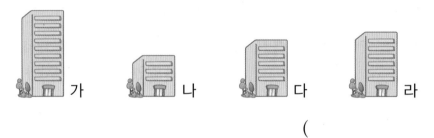

(   )

03

키가 가장 큰 사람의 이름을 쓰세요.

- 영수는 한별이보다 더 작습니다.
- 예슬이는 영수보다 더 큽니다.
- 한별이는 예슬이보다 더 큽니다.

(   )

04

높이가 같은 발판으로 세 어린이의 키를 같게 맞췄습니다. 발판을 효근이는 3개, 영수는 1개, 석기는 2개를 사용했습니다. 키가 가장 작은 어린이는 누구인가요?

(   )

05

다양한 무게의 공이 있습니다. 둘째로 무거운 공은 몇 번 공인가요?

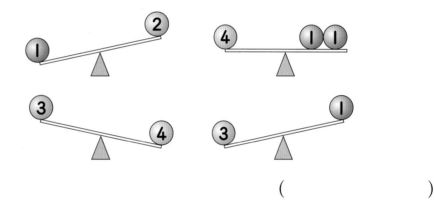

(   )

06

동화책 2권의 무게는 과학책 1권의 무게와 같습니다. 과학책 3권과 동화책 5권 중 더 무거운 것은 어느 것인가요?

(   )

07

⑦와 ⑷의 눈금의 수를 각각 알아봅니다.

⑦와 ⑷ 중에서 넓이가 더 넓은 것은 어느 것인가요?

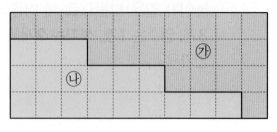

(   )

08

사방치기 놀이를 하여 영수가 차지한 땅에는 노란색, 한솔이가 차지한 땅에는 빨간색을 칠했습니다. 더 넓은 땅을 차지한 사람은 누구인가요?

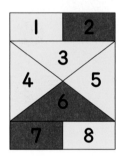

(   )

09

넓이가 가장 넓은 것부터 차례로 기호를 쓰세요.

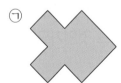  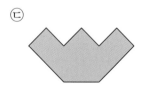

(   )

10

왼쪽 물병에 물을 가득 채워 비어 있는 가와 나 물병에 각각 모두 부으려고 합니다. 가와 나 중에서 물이 넘치는 물병은 어느 것인가요?

가　　　나

(　　　　　　　)

11

그릇 가와 나에 물을 가득 채운 후 모양과 크기가 같은 수조에 각각 옮겨 담았더니 그림과 같았습니다. 담을 수 있는 물의 양이 더 많은 그릇의 기호를 쓰세요.

가　　　　　　　　　　　　　　나

(　　　　　　　)

12

그릇 ㉮, ㉯, ㉰ 중에서 담을 수 있는 물의 양이 가장 많은 것부터 순서대로 기호를 쓰세요.

> ㉮에 물을 담아 ㉯에 부으면 넘칩니다.
> ㉮에 물을 가득 담아 ㉰에 **2**번 부으면 가득찹니다.

(　　　　　　　)

1 더 짧은 것에 △표 하세요.

(   )

(   )

2 가장 긴 것에 ○표 하세요.

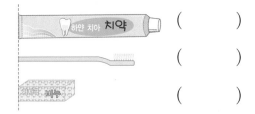

(   )

(   )

(   )

3 가장 낮은 쪽에 △표 하세요.

(   )   (   )   (   )

4 키가 가장 큰 동물을 쓰세요.

병아리   호랑이   고양이

(   )

5 가장 긴 줄은 어느 것인가요?

가

나

다

(   )

6 그림을 보고 알맞은 말에 ○표 하세요.

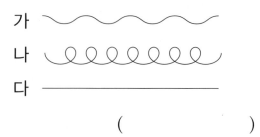

피아노는 북보다 더

(무겁습니다 , 가볍습니다).

7 모양과 크기가 같은 병 속에 솜과 모래를 각각 가득 담았습니다. 가와 나 중에서 더 무거운 병은 어느 것인가요?

가   나

솜   모래

(   )

8 길이가 같은 고무줄에 테니스공, 볼링공, 축구공을 매달았더니 그림과 같이 늘어 났습니다. 가장 무거운 것부터 순서대로 쓰세요.

테니스공   볼링공   축구공

(   )

9 가장 무거운 것부터 순서대로 1, 2, 3을 쓰세요.

(   )   (   )   (   )

10 관계있는 것끼리 선으로 이어 보세요.

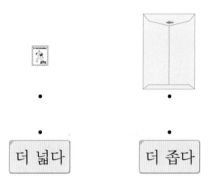

더 넓다   더 좁다

11 도화지를 똑같은 크기로 나누어 각각 다음과 같이 색칠하였습니다. 더 넓게 색칠한 사람은 누구인가요?

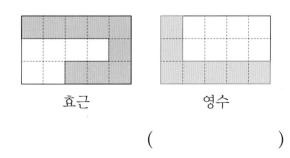

효근   영수

(   )

12 가장 넓은 쪽에 색칠하세요.

13 보기 에서 ☐ 안에 알맞은 장소를 찾아 써 넣으세요.

> 보기
> 교실   화장실   야구장

우리 학교 운동장보다 더 넓은 곳은

☐ 입니다.

14 가장 좁은 것은 어느 것인가요?

> • 스케치북은 수학책보다 넓습니다.
> • 색종이는 수학책보다 좁습니다.

(   )

15 담긴 주스의 양이 더 적은 쪽에 △표 하세요.

(   )   (   )

16 컵에 주스를 가득 따라 마시려고 합니다. 주스를 가장 많이 마시려면 어느 컵에 따라야 하는지 기호를 쓰세요.

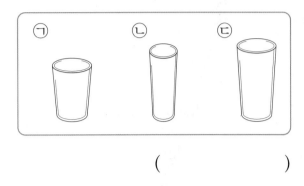

(   )

17 주전자에 가득 담긴 물을 물병에 부었더니 물이 넘쳤습니다. 주전자와 물병 중 물을 더 많이 담을 수 있는 것은 어느 것인가요?

(   )

18 그릇 ㉮, ㉯, ㉰ 중에서 담을 수 있는 물의 양이 가장 많은 것은 어느 것인가요?

> • ㉮에 물을 가득 담아 ㉯에 부으면 반 정도가 찹니다.
> • ㉮에 물을 가득 담아 ㉰에 부으면 넘칩니다.

(   )

19 키가 한솔이는 동민이보다 더 작고 효근이는 동민이보다 더 큽니다. 세 사람 중 키가 가장 큰 사람은 누구인지 풀이 과정을 쓰고 답을 구하세요.

풀이 _____

_____

_____

_____

답 _____

20 영수, 가영, 석기가 모양과 크기가 같은 컵에 우유를 가득 담은 후 각각 마셨더니 다음과 같이 남았습니다. 우유를 가장 많이 마신 사람은 누구인지 풀이 과정을 쓰고 답을 구하세요.

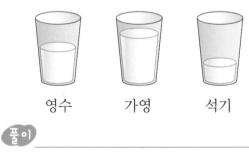

영수   가영   석기

풀이 _____

_____

_____

_____

답 _____

단원 5 50까지의 수

1 10 알아보기

✽ 10 알아보기

- 9보다 1만큼 더 큰 수를 10이라고 합니다.
- 10은 십 또는 열이라고 읽습니다.

10	
십	열

✽ 10 모으기와 가르기

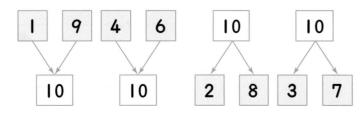

2 십몇 알아보기

✽ 십몇 알아보기

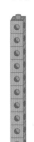

- 10개씩 묶음 1개와 낱개 1개를 11이라고 합니다.
- 11은 십일 또는 열하나라고 읽습니다.

11	
십일	열하나

✽ 십몇 쓰고 읽기

쓰기	읽기	쓰기	읽기	쓰기	읽기
11	십일	14	십사	17	십칠
	열하나		열넷		열일곱
12	십이	15	십오	18	십팔
	열둘		열다섯		열여덟
13	십삼	16	십육	19	십구
	열셋		열여섯		열아홉

1 그림을 보고 □ 안에 알맞은 수를 써넣으세요.

9보다 1만큼 더 큰 수를 [ ]이라고 합니다.

10은 [ ] 또는 [ ]이라고 읽습니다.

2 그림을 보고 모으기와 가르기를 하세요.

(1)

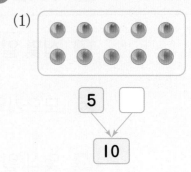

(2)

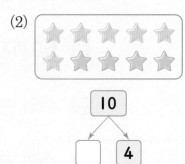

3 그림을 보고 □ 안에 알맞은 수를 써넣으세요.

10개씩 묶음 [ ]개와 낱개 **7**개는 [ ]입니다.

3 모으기와 가르기

✳ 19까지의 수 모으기

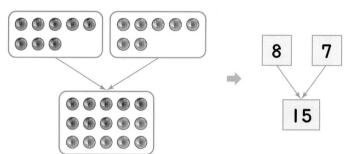

✳ 19까지의 수 가르기

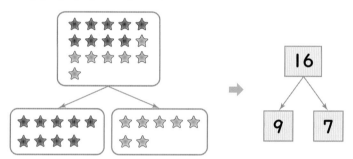

4 몇십 알아보기

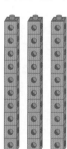

- 10개씩 묶음 3개를 30이라고 합니다.
- 30은 삼십 또는 서른이라고 읽습니다.

	30	
	삼십	서른

쓰기	20	30	40	50
읽기	이십	삼십	사십	오십
	스물	서른	마흔	쉰

4 그림을 보고 물음에 답하세요.

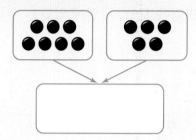

(1) 모으기를 이용하여 빈칸에 알맞은 바둑돌의 수만큼 ○를 그려 넣으세요.

(2) 빈 곳에 알맞은 수를 써넣으세요.

5 가르기를 하여 빈칸에 알맞은 수를 써넣으세요.

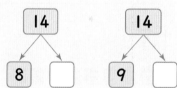

6 그림을 보고 □ 안에 알맞은 수를 써넣으세요.

(1) 도토리는 10개씩 묶음이 □개입니다.

(2) 도토리는 모두 □개입니다.

유형 1 10 알아보기

그림을 보고 □ 안에 알맞은 수를 써넣으세요.

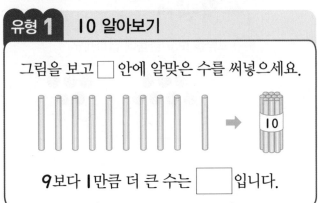

9보다 1만큼 더 큰 수는 □ 입니다.

1-1 왼쪽의 수보다 1만큼 더 큰 수만큼 ○를 그려 보세요.

1-2 그림을 보고 □ 안에 알맞은 수를 써넣으세요.

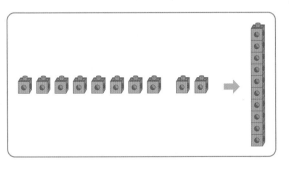

8보다 □ 만큼 더 큰 수는 10입니다.

1-3 10개인 것을 모두 찾아 ○표 하세요.

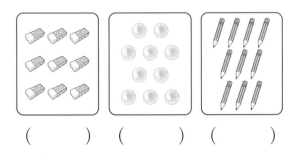

( ) ( ) ( )

1-4 10을 알맞게 읽은 것에 ○표 하세요.

(1) 유승이는 사탕을 10개 가지고 있습니다.

(열, 십)

(2) 우리집은 아파트 10층에 있어.

(열, 십)

1-5 그림을 보고 빈 곳에 알맞은 수를 써넣으세요.

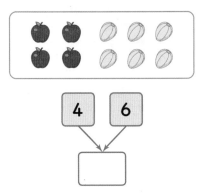

1-6 빈 곳에 알맞은 수를 써넣으세요.

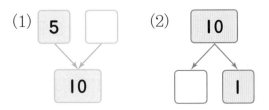

1-7 상연이는 색종이 7장을 가지고 있습니다. 색종이 10장이 되려면 필요한 색종이는 몇 장인가요?

( )

유형 2 십몇 알아보기

그림을 보고 ☐ 안에 알맞은 수를 써넣으세요.

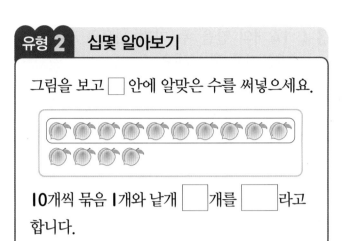

10개씩 묶음 1개와 낱개 ☐개를 ☐라고
합니다.

2-1 10개씩 묶고 ☐ 안에 알맞은 수나 말을
써넣으세요.

10개씩 묶음 1개와 낱개 ☐개를 ☐이
라고 합니다.

17은 ☐ 또는 ☐이라고 읽습니다.

2-2 그림을 보고 알맞은 수에 ○표 하세요.

(1)
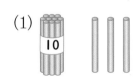

(12, 13, 14)

(2)

(17, 18, 19)

2-3 관계있는 것끼리 선으로 이어 보세요.

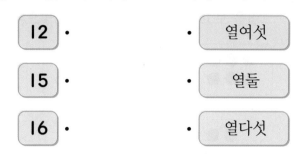

12 ·   · 열여섯

15 ·   · 열둘

16 ·   · 열다섯

2-4 구슬의 수를 세어 빈칸에 쓰고 읽어 보
세요.

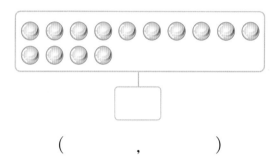

(,   )

2-5 사용된 블록의 수를 ☐ 안에 써넣으세요.

 ➡ ☐개

2-6 색종이가 10장씩 묶음 1개와 낱개 6장이
있습니다. 색종이는 모두 몇 장인가요?

(   )

유형 3 모으기와 가르기

그림을 보고 빈 곳에 알맞은 수를 써넣으세요.

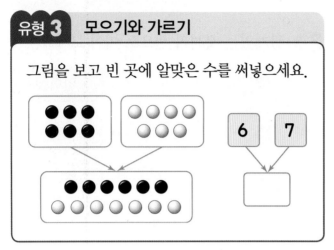

3-1 그림을 보고 빈 곳에 알맞은 수를 써넣으세요.

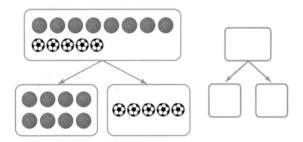

3-2 빈 곳에 알맞은 수를 써넣으세요.

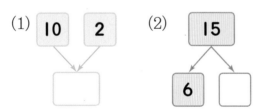

3-3 ㉠과 ㉡ 중 더 큰 수를 찾아 기호를 쓰세요.

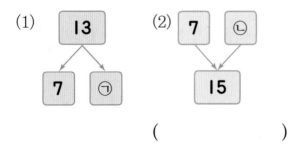

(   )

3-4 14개의 칸을 두 가지 색으로 색칠하고 가르기를 해 보세요.

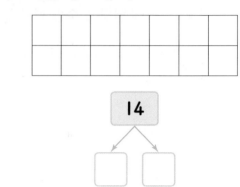

3-5 모으기를 하여 17이 되는 두 수를 찾아 색칠하세요.

③ ④ ⑪ ⑧ ⑬

3-6 12를 똑같은 두 수로 가르기 할 수 있습니다. 똑같은 수는 무엇인지 구하세요.

(   )

3-7 두 수를 모으기 한 수가 나머지 셋과 다른 하나를 찾아 기호를 쓰세요.

㉠ (11, 5)	㉡ (7, 9)
㉢ (6, 8)	㉣ (12, 4)

(   )

유형 4 몇십 알아보기

그림을 보고 ☐ 안에 알맞은 수를 써넣으세요.

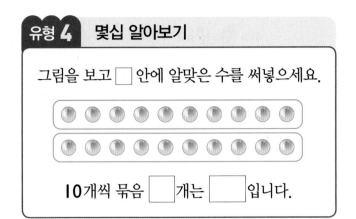

10개씩 묶음 ☐개는 ☐입니다.

4-1 그림을 보고 ☐ 안에 알맞은 수를 써넣으세요.

(1)

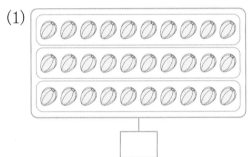

(2)

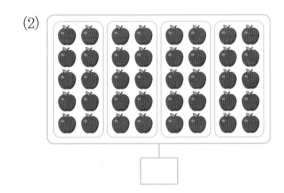

4-2 빈칸에 알맞은 수를 써넣고, 두 가지 방법으로 읽어 보세요.

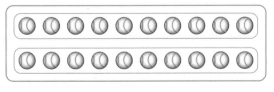

수	읽기

4-3 빈칸에 알맞은 수를 써넣으세요.

10개씩 묶음 **2**개	
10개씩 묶음 **3**개	
10개씩 묶음 **4**개	
10개씩 묶음 **5**개	

4-4 관계있는 것끼리 선으로 이어 보세요.

20	·	·	스물
30	·	·	마흔
40	·	·	서른

4-5 30개가 되도록 ○를 더 그려 보세요.

4-6 귤이 **50**개 있습니다. 이 귤을 한 봉지에 10개씩 나누어 담으면 모두 몇 봉지인가요?

( )

5 50까지의 수 세어 보기

✽ 몇십 몇 알아보기

23	
이십삼	스물셋

· 10개씩 묶음 **2**개와 낱개 **3**개를 **23**이라고 합니다.
  23은 이십삼 또는 스물셋이라고 읽습니다.

31	
삼십일	서른하나

· 10개씩 묶음 **3**개와 낱개 **1**개를 **31**이라고 합니다.
  31은 삼십일 또는 서른하나라고 읽습니다.
· 10개씩 묶음 ●개와 낱개 ▲개는 ●▲입니다.

6 수의 순서 알아보기

✽ 50까지의 수의 순서 알아보기

21 ← 1만큼 더 작은 수 ─ 22 ─ 1만큼 더 큰 수 → 23

21과 23 사이의 수

✽ 수 배열표에서 규칙 찾기

1	2	3	4	5	6	7	8	9	10
11	12	13	14	15	16	17	18	19	20
21	22	23	24	25	26	27	28	29	30
31	32	33	34	35	36	37	38	39	40
41	42	43	44	45	46	47	48	49	50

· 오른쪽으로 1칸씩 갈 때마다 1씩 커집니다.
· 왼쪽으로 1칸씩 갈 때마다 1씩 작아집니다.
· 아래쪽으로 1칸씩 갈 때마다 10씩 커집니다.
· 위쪽으로 1칸씩 갈 때마다 10씩 작아집니다.

확인문제

1 그림을 보고 □ 안에 알맞은 수를 써넣으세요.

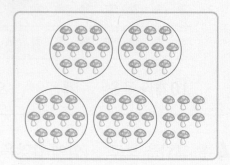

10개씩 묶음 **4**개와 낱개 □개는

□이고 사십팔 또는 □이라고 읽습니다.

2 □ 안에 알맞은 수를 써넣으세요.

10개씩 묶음 **2**개와 낱개 모형 **6**개를 □이라고 합니다.

3 빈 곳에 알맞은 수를 써넣으세요.

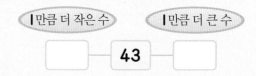

1만큼 더 작은 수   1만큼 더 큰 수

□   43   □

4 순서에 맞게 빈칸에 알맞은 수를 써넣으세요.

11	12	13	14		
18	19			23	24
		27	28		30

7 수의 크기 비교하기

✳ 두 수의 크기를 비교할 때에는 **10**개씩 묶음의 수를 먼저 비교하고, **10**개씩 묶음의 수가 같으면 낱개의 수를 비교합니다.

✳ **10**개씩 묶음의 수가 다른 두 수의 크기 비교
 10개씩 묶음의 수가 다를 때에는 **10**개씩 묶음의 수가 큰 쪽이 큽니다.

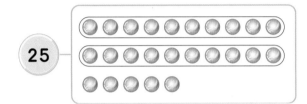

⇨ ┌ **25**는 **16**보다 큽니다.
   └ **16**은 **25**보다 작습니다.

✳ **10**개씩 묶음의 수가 같은 두 수의 크기 비교
 10개씩 묶음의 수가 같을 때에는 낱개의 수가 큰 쪽이 큽니다.

⇨ ┌ **17**은 **14**보다 큽니다.
   └ **14**는 **17**보다 작습니다.

확인문제

5 그림을 보고 알맞은 말에 ○표 하세요.

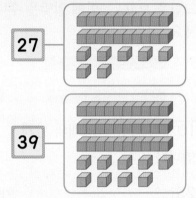

27은 **39**보다 (큽니다, 작습니다).

39는 **27**보다 (큽니다, 작습니다).

5
단원

6 그림을 보고 □ 안에 알맞은 수를 써넣으세요.

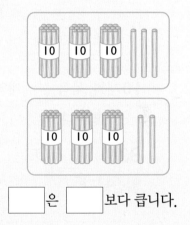

☐ 은 ☐ 보다 큽니다.

7 더 큰 수에 ○표 하세요.

(1) | 34 | 43 |

(2) | 28 | 25 |

8 왼쪽 수보다 작은 수에 ○표 하세요.

(34) ── | 42 | 29 |

유형 5 50까지의 수 세어 보기

그림을 보고 ☐ 안에 알맞은 수나 말을 써넣으세요.

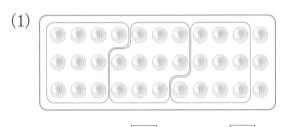

10개씩 묶음 ☐ 개와 낱개 ☐ 개는 ☐ 입니다.

25는 ☐ 또는 ☐ 이라고 읽습니다.

5-1 그림을 보고 ☐ 안에 알맞은 수나 말을 써넣으세요.

(1)

10개씩 묶음 ☐ 개와 낱개 ☐ 개는 ☐ 입니다.

33은 ☐ 또는 ☐ 이라고 읽습니다.

(2)

10개씩 묶음 ☐ 개와 낱개 ☐ 개는 ☐ 입니다.

45는 ☐ 또는 ☐ 이라고 읽습니다.

5-2 그림을 보고 빈칸에 알맞은 수를 써넣으세요.

(1)

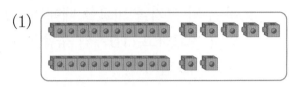

10개씩 묶음	낱개

⇨ ☐

(2)

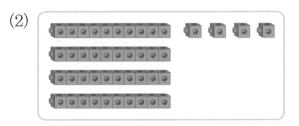

10개씩 묶음	낱개

⇨ ☐

5-3 모두 몇 개인지 세어 보세요.

(1)

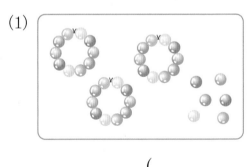

(   )

(2)

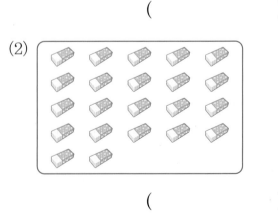

(   )

5-4 수를 읽어 보세요.

(1) **29** ⇨ (,   )

(2) **41** ⇨ (,   )

5-5 수로 나타내 보세요.

(1) 삼십팔 ⇨ (   )

(2) 사십육 ⇨ (   )

5-6 귤이 한 봉지에 **10**개씩 **3**봉지와 낱개 **2**개가 있습니다. 귤은 모두 몇 개인가요?

(   )

5-7 바둑돌의 수를 바르게 말한 사람은 누구인가요?

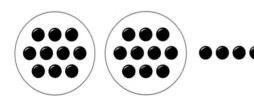

동민 : **10**개씩 묶음이 **2**개이므로 바둑돌은 **20**개입니다.

지혜 : 바둑돌은 스물다섯개 있습니다.

(   )

유형 6   **수의 순서 알아보기**

☐ 안에 알맞은 수를 써넣으세요.

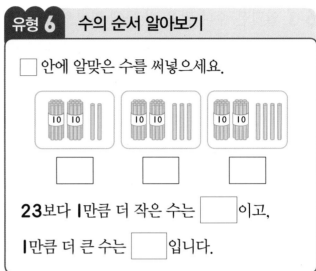

23보다 **1**만큼 더 작은 수는 ☐ 이고, **1**만큼 더 큰 수는 ☐ 입니다.

6-1 ☐ 안에 알맞은 수를 써넣으세요.

(1) **38**보다 **1**만큼 더 작은 수는 ☐ 이고, **1**만큼 더 큰 수는 ☐ 입니다.

(2) **47**보다 **1**만큼 더 작은 수는 ☐ 이고, **1**만큼 더 큰 수는 ☐ 입니다.

6-2 수의 순서에 맞게 빈칸에 알맞은 수를 써넣으세요.

21	22			26	27	
29			32	33	34		36
		39	40	41			44

6-3 알맞은 수나 말을 빈 곳에 써넣으세요.

(1)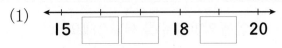

15 [ ] [ ] 18 [ ] 20

(2)

쉰	마흔아홉	
마흔일곱		

6-4 **25**부터 수를 순서대로 쓰려고 합니다. ㉠에 알맞은 수를 쓰세요.

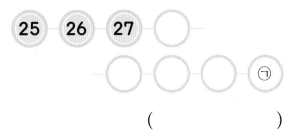

25 26 27 ○
○ ○ ○ ㉠

(   )

6-5 □ 안에 알맞은 수를 써넣으세요.

45와 **47** 사이의 수는 [ ]입니다.

6-6 ●에 알맞은 수를 써넣으세요.

●보다 **1**만큼 더 큰 수는 **42**입니다.

(   )

6-7 수를 순서대로 이어 그림을 완성해 보세요.

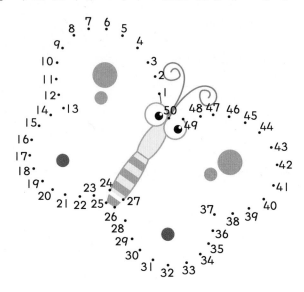

6-8 **38**과 **44** 사이에 있는 수는 모두 몇 개 인가요?

(   )

6-9 나타내는 수가 다른 하나를 찾아 기호를 쓰세요.

㉠ **28**보다 **1**만큼 더 작은 수
㉡ **30** 바로 앞의 수
㉢ **30**보다 **1**만큼 더 작은 수
㉣ **28**과 **30** 사이의 수

(   )

6-10 **31**보다 **3**만큼 더 작은 수는 얼마인가요?

(   )

유형 **7** 수의 크기 비교하기

그림을 보고 알맞은 말에 ○표 하세요.

42는 **35**보다 (큽니다, 작습니다).

35는 **42**보다 (큽니다, 작습니다).

7-1 그림을 보고 □ 안에 알맞은 수를 써넣으세요.

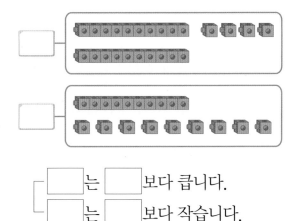

☐는 ☐보다 큽니다.
☐는 ☐보다 작습니다.

7-2 더 큰 수에 ○표 하세요.

(1) 23 40   (2) 36 38

7-3 더 작은 수에 △표 하세요.

(1) 35 29   (2) 29 21

7-4 가장 큰 수에 ○표, 가장 작은 수에 △표 하세요.

(1)

(2)

7-5 가장 큰 수부터 순서대로 쓰세요.

(1) 21 19 32

⇨ (   )

(2) 42 48 44

⇨ (   )

7-6 구슬을 가영이는 **38**개, 동민이는 **29**개 가지고 있습니다. 구슬을 더 적게 가지고 있는 사람은 누구인가요?

(   )

7-7 수 카드 중에서 가장 큰 수와 가장 작은 수를 각각 구하세요.

가장 큰 수   (   )

가장 작은 수 (   )

1 그림을 보고 □ 안에 알맞은 수를 써넣으세요.

(1) 사과는 **9**개보다 □개 더 많습니다.

(2) **9**보다 **1**만큼 더 큰 수는 □입니다.

(3) 사과는 모두 □개입니다.

2 **10**개가 <u>아닌</u> 것을 찾아 기호를 쓰세요.

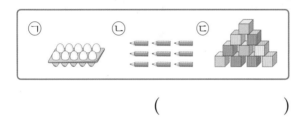

( )

3 **10**이 되도록 ○를 더 그리고, □ 안에 알맞은 수를 써넣으세요.

4와 □을 모으면 **10**이 됩니다.

4 효근이는 구슬을 **5**개 가지고 있습니다. 구슬 **10**개가 되려면 몇 개가 더 있어야 하나요?

( )

5 **10**을 바르게 가르기 한 사람은 누구인가요?

> 영수 : **10**은 **7**과 **2**로 가르기 할 수 있어.
> 지혜 : **10**을 **8**과 **2**로 가르기 해도 돼.

( )

6 □ 안에 알맞은 수를 써넣으세요.

구슬은 **10**개씩 묶음 □개, 낱개가 □개 있습니다. 구슬은 모두 □개 입니다.

7 빈 곳에 알맞은 수를 써넣으세요.

(1) | 12 | | | 15 |

(2) | 19 | 18 | | |

8 사용된 블록은 모두 몇 개인가요?

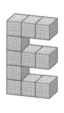

( )

9 관계있는 것끼리 선으로 이어 보세요.

10 수로 나타내 보세요.

열셋

( )

11 보기와 같이 수를 **2**가지 방법으로 읽어 보세요.

보기

11 ⇨ (십일, 열하나)

(1) **12** ⇨ (,)

(2) **16** ⇨ (,)

12 다음 중 나타내는 수가 다른 하나를 찾아 ○표 하세요.

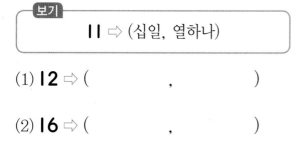

13 한별이는 색종이를 **10**장 가지고 있었는데 문구점에서 색종이 **8**장을 더 샀습니다. 한별이가 가지고 있는 색종이는 모두 몇 장인가요?

( )

14 그림을 보고 빈 곳에 알맞은 수를 써넣으세요.

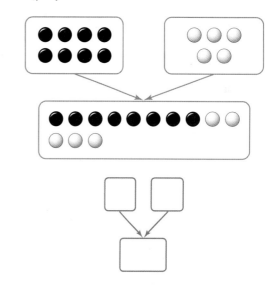

15 빈 곳에 알맞은 수를 써넣으세요.

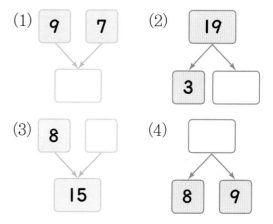

16 17칸을 두 가지 색으로 색칠하고 가르기를 해 보세요.

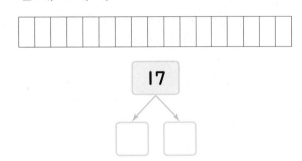

17 15를 두 가지 방법으로 가르기 해 보세요.

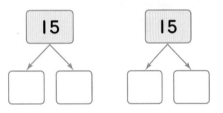

18 귤 11개를 가영이와 예슬이가 나누어 가지려고 합니다. 가영이가 예슬이보다 귤을 더 많이 가지도록 귤을 ○로 나타내어 보세요.

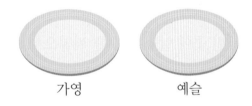

가영   예슬

19 14는 3과 ㉠으로 가를 수 있습니다. ㉠에 알맞은 수를 쓰세요.

(   )

20 그림을 보고 □ 안에 알맞은 수를 써넣으세요.

10개씩 묶음이 □개인 수는 □입니다.

21 수를 두 가지 방법으로 읽어 보세요.

40 ⇨ [(   )
     (   )

22 관계있는 것끼리 선으로 이어 보세요.

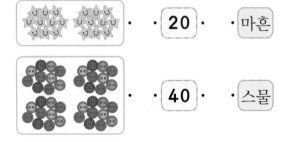

20 · · 마흔

40 · · 스물

23 나머지 셋과 다른 하나에 색칠하세요.

| 50 | 마흔 | 쉰 | 오십 |

24 사과가 한 봉지에 10개씩 들어 있습니다. 4봉지에 들어 있는 사과는 모두 몇 개인가요?

(   )

25 주스가 서른병 있습니다. 한 상자에 10병씩 모두 담으려면 필요한 상자는 모두 몇 개인가요?

(   )

26 빈 곳에 알맞은 수를 써넣으세요.

10개씩 묶음 **3**개 ┐
                 ⇨ ☐
낱개 **5**개 ┘

27 빈칸에 알맞은 수를 써넣으세요.

수	10개씩 묶음	낱개
19		9
27	2	
41		1
	3	2

28 빈칸에 알맞은 수를 쓰고 두 가지 방법으로 읽어 보세요.

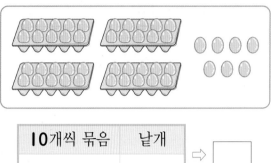

10개씩 묶음	낱개

⇨ ☐

(,   )

29 보기와 같이 빈 곳에 알맞은 수나 말을 써넣으세요.

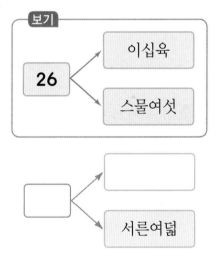

30 수로 나타내 보세요.

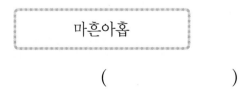

(   )

31 수를 잘못 읽은 것을 찾아 기호를 쓰세요.

> ㉠ **31**-삼십일-서른하나
> ㉡ **45**-사십오-마흔다섯
> ㉢ **24**-이십넷-스물사

(   )

32 사용된 는 모두 몇 개인지 쓰세요.

(   )

33 관계있는 것끼리 선으로 이어 보세요.

삼십구	•	**23**	•	스물셋
사십팔	•	**39**	•	마흔여덟
이십삼	•	**48**	•	서른아홉

34 곶감이 한 줄에 **10**개씩 **4**줄과 낱개 **3**개가 있습니다. 곶감은 모두 몇 개인가요?

(   )

35 책장에 있던 책을 한 상자에 **10**권씩 담았더니 **3**상자가 되고 **4**권이 남았습니다. 책장에 있던 책은 모두 몇 권인가요?

(   )

36 수의 순서에 맞게 빈 곳에 알맞은 수를 써넣으세요.

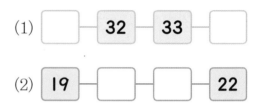

(1) ☐ — **32** — **33** — ☐

(2) **19** — ☐ — ☐ — **22**

37 빈 곳에 알맞은 수를 써넣으세요.

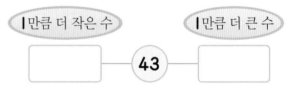

| I만큼 더 작은 수 | | I만큼 더 큰 수 |
| ☐ | **43** | ☐ |

38 주어진 수보다 I만큼 더 큰 수에 ○표, I만큼 더 작은 수에 △표 하세요.

(1) **30** — 20 31 35 29 42

(2) **47** — 48 46 50 38 40

39 주어진 수를 순서대로 늘어놓으세요.

(1)

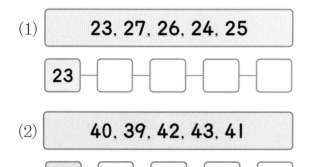

| 23, 27, 26, 24, 25 |

23 ☐ ☐ ☐ ☐

(2)

| 40, 39, 42, 43, 41 |

39 ☐ ☐ ☐ ☐

40 관계있는 것끼리 선으로 이어 보세요.

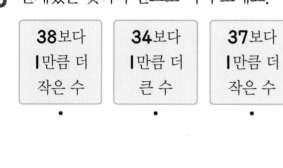

| 38보다 1만큼 더 작은 수 | 34보다 1만큼 더 큰 수 | 37보다 1만큼 더 작은 수 |

• • •

• • •

35 36 37

41 사물함의 번호가 지워졌습니다. 번호가 없는 사물함에 번호를 써넣으세요.

42 ㉠에 알맞은 수를 두 가지 방법으로 읽어 보세요.

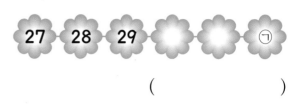

27 28 29 ✿ ✿ ㉠

( )

43 버스에서 가영이의 자리에 ◯표 하세요.

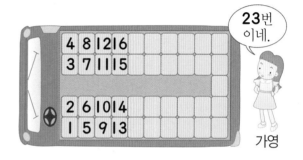

23번 이네.

가영

44 나타내는 수가 다른 하나를 찾아 기호를 쓰세요.

㉠ 31보다 1만큼 더 작은 수
㉡ 31보다 1만큼 더 큰 수
㉢ 29와 31 사이의 수
㉣ 10개씩 묶음이 3개인 수

( )

45 27과 33 사이에 있는 수를 모두 쓰세요.

( )

46 은행에서 예슬이가 뽑은 번호표는 **39**번 이고 웅이가 뽑은 번호표는 **43**번입니다. 예슬이와 웅이가 뽑은 번호표 사이에 있는 번호표는 모두 몇 장인가요?

( )

47 그림을 보고 ☐ 안에 알맞은 수를 써넣으세요.

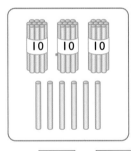 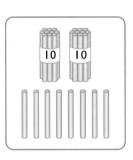

☐ 은 ☐ 보다 큽니다.

☐ 은 ☐ 보다 작습니다.

48 수의 크기를 비교하여 알맞은 말에 ○표 하세요.

┌ **29**는 **32**보다 (큽니다, 작습니다).
└ **32**는 **29**보다 (큽니다, 작습니다).

49 더 큰 수에 ○표 하세요.

(1)

( ) ( )

(2)

( ) ( )

50 더 작은 수에 △표 하세요.

(1)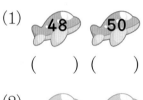

( ) ( )

(2)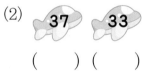

( ) ( )

51 주어진 수보다 큰 수를 찾아 ○표 하세요.

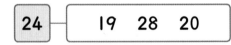

52 수의 크기를 잘못 비교한 것을 찾아 기호를 쓰세요.

┌─────────────────────────┐
│ ㉠ **28**은 **36**보다 작습니다. │
│ ㉡ **42**는 **39**보다 큽니다. │
│ ㉢ **30**은 **27**보다 작습니다. │
└─────────────────────────┘

( )

53 영수와 한별이 중에서 더 큰 수를 말한 사람은 누구인가요?

삼십육 스물아홉

영수 한별

( )

54 가장 큰 수에 ○표, 가장 작은 수에 △표 하세요.

(1)

| 26 | 34 | 43 |

(2)

| 45 | 41 | 48 |

55 35보다 큰 수를 모두 찾아 쓰세요.

| 19 46 32 38 |

( )

56 줄넘기를 효근이는 41회, 상연이는 37회 했습니다. 줄넘기를 더 많이 한 사람은 누구인가요?

( )

57 가장 작은 수를 찾아 기호를 쓰세요.

㉠ 47 ㉡ 스물둘
㉢ 삼십일 ㉣ 39

( )

58 가장 큰 수부터 순서대로 기호를 쓰세요.

㉠ 42 ㉡ 36
㉢ 50 ㉣ 45

( )

59 46보다 작은 수 중에서 42보다 큰 수를 모두 쓰세요.

( )

60 과수원에서 배를 지혜는 28개, 영수는 33개 땄습니다. 한솔이는 지혜보다 1개 더 많이 땄습니다. 배를 가장 많이 딴 사람은 누구인가요?

( )

5
단원

1 도넛이 열다섯개가 되도록 하려면 몇 개가 더 있어야 하나요?

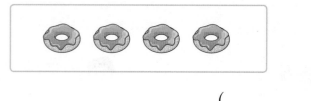

(   )

2 주어진 숫자 카드의 수를 모으면 **14**가 됩니다. 뒤집힌 카드에 적힌 수는 무엇인가요?

(   )

3 ㉠과 ㉡ 중 더 큰 수가 들어가는 곳은 어디인가요?

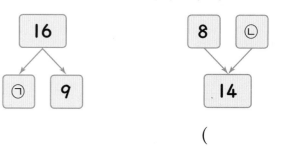

(   )

4 ☐ 안에 알맞은 숫자는 모두 몇 개인가요?

☐2는 **41**보다 작습니다.

(   )

5 구슬을 효근이는 10개씩 묶음 2개를 가지고 있고 영수는 10개씩 묶음 1개를 가지고 있습니다. 두 사람이 가지고 있는 구슬은 모두 몇 개인가요?

(   )

낱개가 ★▲개인 수는 10개씩 묶음이 ★개, 낱개가 ▲개인 수와 같습니다.

6 다음을 수로 나타내 보세요.

> 10개씩 묶음 **3**개와 낱개 **16**개인 수

(   )

5
단원

7 가게에 사탕이 10개씩 4봉지와 낱개 6개가 있었습니다. 이 중에서 10개씩 2봉지를 팔았다면 가게에 남은 사탕은 몇 개인가요?

(   )

8 주어진 쌓기나무로 보기 의 모양을 몇 개까지 만들 수 있나요?

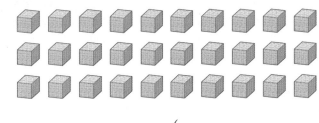

(   )

9 수 배열표에서 ★에 알맞은 수를 구하세요.

25	26	27	28	29	30	31
32	33	34				38
39	40			★		

(   )

10 빈 곳에 알맞은 수를 써넣으세요.

```
┌───┐   ◀I만큼 더 작은 수   ┌─────────────┐   I만큼 더 큰 수▶   ┌───┐
│   │ ◀───────────────    │ I0개씩 묶음 2개와 │   ───────────▶ │   │
└───┘                     │  낱개 I9개인 수  │                  └───┘
                          └─────────────┘
```

11 책을 번호 순서대로 정리하려고 합니다. **17**번 책과 **21**번 책 사이에 꽂아야 하는 책의 번호를 모두 쓰세요.

(   )

12 구슬을 더 많이 가지고 있는 사람은 누구인가요?

난 구슬이 I0개씩 묶음 **3**개와 낱개 **4**개가 있어.

나는 구슬을 서른여섯개 가지고 있어.

석기

웅이

(   )

20과 30 사이에 있는 수는
2◻입니다.

13 다음에서 설명하는 수는 얼마인가요?

> · **20**과 **30** 사이에 있는 수입니다.
> · 낱개의 수는 **8**입니다.

(   )

14 그림이 나타내는 수보다 **5**만큼 더 큰 수를 구하세요.

(   )

15 **50**까지의 수 중에서 다음이 나타내는 수보다 큰 수를 모두 쓰세요.

> **10**개씩 묶음 **4**개와 낱개 **6**개인 수

(   )

16 가장 큰 수부터 순서대로 기호를 써보세요.

> ㉠ **35**보다 크고 **37**보다 작은 수
> ㉡ 마흔둘
> ㉢ **41**보다 **2**만큼 더 작은 수

(   )

01

빈 곳에 알맞은 수를 써넣으세요.

10개씩 묶음	낱개	수
	17	37
3		45

02

낱개로 있는 귤을 10개씩 묶어 세어 봅니다.

한 봉지에 10개씩 들어 있는 귤 3봉지와 낱개 11개가 있습니다. 귤은 모두 몇 개인가요?

(   )

03

1부터 9까지의 수 중에서 ★에 공통으로 들어갈 수 있는 수를 모두 구하세요.

> • ★6은 45보다 작습니다.
> • 3★은 31보다 큽니다.

(   )

04 26과 ㉠ 사이에 있는 수가 **7**개일 때, ㉠은 얼마인가요? (단, ㉠은 **26**보다 큽니다.)

(   )

05 ㉠과 ㉡ 사이에 있는 수는 모두 몇 개인가요?

> • ㉠은 **39**보다 **1**만큼 더 작은 수입니다.
> • ㉡은 **10**개씩 묶음 **3**개와 낱개 **16**개인 수입니다.

(   )

06 유승이네 반 학생 **24**명이 한 줄로 서 있습니다. 유승이는 앞에서부터 열셋째 번에 서 있고, 지혜는 뒤에서부터 다섯째 번에 서 있습니다. 유승이와 지혜 사이에 서 있는 학생은 모두 몇 명인가요?

(   )

07

지혜부터 상연, 한솔, 가영, 웅이가 차례로 은행에 들어가서 들어간 순서대로 번호표를 뽑았습니다. 웅이가 뽑은 번호표가 **43**번이라면 지혜가 뽑은 번호표는 몇 번인가요?

( )

08

I씩 커지는 수가 어느 방향으로 놓이는 규칙인지 알아봅니다.

규칙에 맞게 빈칸에 알맞은 수를 써넣으세요.

1	16			13
2		24		
3	18	25	22	
4	19		21	10
	6	7		

09

효근이와 동민이 중에서 구슬을 더 적게 가지고 있는 사람은 누구인가요?

• 효근 : 나는 구슬을 **10**개씩 묶음 **3**개와 낱개 **7**개를 가지고 있어.
• 동민 : 나는 구슬을 **10**개씩 묶음 **2**개와 낱개 **14**개를 가지고 있지.

( )

10

숫자 카드를 이용하여 만들 수 있는 수를 모두 알아봅니다.

다음과 같이 숫자 카드가 **3**장 있습니다. 이 중 **2**장을 뽑아 만들 수 있는 수 중에서 **20**보다 큰 수는 모두 몇 개인가요?

2　4　1

(　　　　　　　)

11

다음에서 설명하는 수를 모두 구하세요.

- **10**개씩 묶음 **3**개와 낱개 **4**개인 수보다 큰 수
- **40**보다 작은 수

(　　　　　　　)

12

유승이는 한 봉지에 **10**개씩 들어 있는 사탕 **2**봉지와 낱개 **12**개를 가지고 있습니다. 동생에게 **1**봉지와 낱개 **1**개를 주면 유승이에게 남은 사탕은 모두 몇 개인가요?

(　　　　　　　)

1 10개가 되도록 ○를 더 그려 보세요.

2 세어 보고 알맞은 수에 ○표 하세요.

(15 16 17 18 19)

3 ☐ 안에 알맞은 수를 써넣으세요.

(1) 10개씩 묶음 **1**개와 낱개 **4**개는
☐ 입니다.

(2) **19**는 10개씩 묶음 ☐ 개와 낱개
☐ 개입니다.

4 왼쪽 수를 바르게 읽은 것끼리 선으로 이어 보세요.

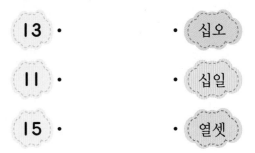

5 빈 곳에 알맞은 수를 써넣으세요.

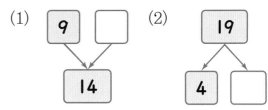

6 관계있는 것끼리 선으로 이어 보세요.

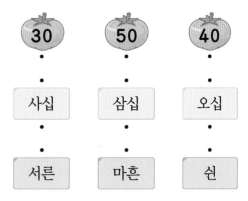

7 도넛이 한 상자에 10개씩 들어 있습니다. 4상자에 들어 있는 도넛은 모두 몇 개인가요?

(   )

8 그림을 보고 □ 안에 알맞은 수를 써넣으세요.

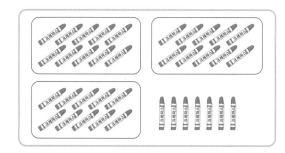

10개씩 묶음 **3**개와 낱개 □ 개는

□ 입니다.

9 □ 안에 알맞은 수를 써넣으세요.

10개씩 묶음	낱개
3	11

⇨ □

10 □ 안에 알맞은 수를 써넣으세요.

(1) **26**은 10개씩 묶음 □ 개와 낱개 □ 개입니다.

(2) 10개씩 묶음 **2**개와 낱개 □ 개는 **32**입니다.

11 수를 잘못 읽은 것을 찾아 기호를 쓰세요.

> ㉠ **19**–십구–열아홉
> ㉡ **35**–삼십오–서른다섯
> ㉢ **42**– 사십이– 마흔둘
> ㉣ **21**–이십하나–스물일

(   )

5 단원

12 곶감이 한 줄에 10개씩 **3**줄과 낱개 **12**개 가 있습니다. 곶감은 모두 몇 개인가요?

(   )

13 순서에 맞도록 수를 빈칸에 써넣으세요.

11	12			15	16
17	18			21	
		25	26		
29					34

14 수의 순서에 맞게 수를 빈 곳에 써넣으세요.

(1)

(2)
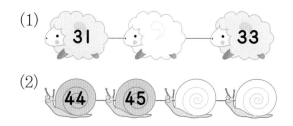

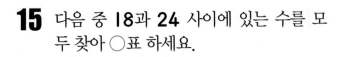
15 다음 중 18과 24 사이에 있는 수를 모두 찾아 ○표 하세요.

| 19 42 20 30 23 |

16 가영이네 반 학생들이 번호 순서대로 줄을 서려고 합니다. 26번 학생은 몇 번과 몇 번 학생 사이에 서야 하는지 써보세요.

(   )

17 그림을 보고 ☐ 안에 알맞은 수를 써넣으세요.

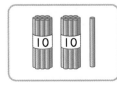 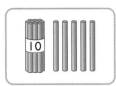

☐ 은 ☐ 보다 큽니다.

18 가장 큰 수에 ○표, 가장 작은 수에 △표 하세요.

| 27 | 19 | 30 |

19 과일가게에 사과가 한 상자에 10개씩 5상자 있습니다. 그 중에서 2상자를 팔았다면 남은 사과는 몇 개인지 풀이 과정을 쓰고 답을 구하세요.

풀이 _____

_____

_____

_____

답 _____

20 색종이를 영수는 10장씩 묶음 3개와 낱장 17장만큼 가지고 있고, 가영이는 10장씩 묶음 4개만큼 가지고 있습니다. 색종이를 더 많이 가지고 있는 사람은 누구인지 풀이 과정을 쓰고 답을 구하세요.

풀이 _____

_____

_____

_____

답 _____

상위권 도약을 위한
길라잡이

왕수학

실력편

정답과 풀이

1-1

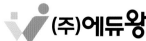
(주)에듀왕

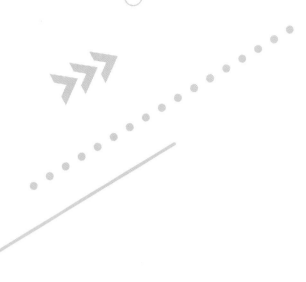

정답과 풀이

1-1

1. 9까지의 수

step **1** 개념 확인하기　6~7쪽

1 (1) 넷 　(2) 삼

2 ⬜⬜⬜⬜⬜ , 7　⬜⬜

3

첫째	둘째	셋째	넷째
1	2	3	4

4

넷	● ● ● ● ○

넷째	○ ○ ○ ● ○

4 (1) 3, 5　(2) 6, 9　　**5** (1) 7　(2) 5

6 0, 영

7 (1) 큽니다.　(2) 작습니다.

2 지우개의 수를 세어 보면 일곱이므로 **7**입니다.

4 넷은 개수를 나타내므로 네 개를 색칠하고 넷째는 차례 순서를 나타내므로 넷째에만 색칠합니다.

step **2** 기본유형 익히기　8~11쪽

유형**1** 3

1-1 4

1-2 (1) ◯◯　(2) ◯◯◯◯◯

1-3 5, 다섯, 오

유형**2** 여섯

2-1 (1) 7　(2) 9

2-2

2-3 (1) 예
6	⬤⬤⬤⬤⬤ ⬤⬤⬤⬤⬤

(2) 예
9	⬤⬤⬤⬤⬤ ⬤⬤⬤⬤⬤

2-4 (　)
(　)
(◯)

2-5 8, 여덟, 팔

유형**3** (1) 넷째　(2) 영수

3-1

3-2
일곱	●●●●●●●○○

일곱째	○○○○○○●○○

3-3 5

유형**4** 3, 4, 5

4-1 (1) 5, 6, 7　(2) 6, 8, 9

4-2 (1) 4, 3, 2　(2) 8, 6, 5

4-3

```
    2       4       6       8
   / \     / \     / \     / \
  1   3   5   7   9
```

유형**5** (　)(　)(◯)

5-1 (△)(　)(　)

5-2 8

5-3 5

5-4 (1) 9　(2) 6

5-5 3, 2, 1, 0

5-6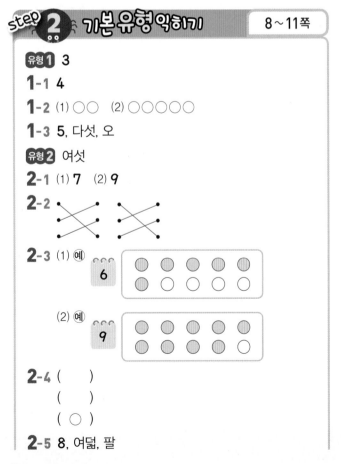

유형**6**
5	◯◯◯◯◯

7	◯◯◯◯◯◯◯

작습니다, 큽니다

6-1 (1) 적습니다　(2) 작습니다

6-2 (1) 9　(2) 7

6-3 (1) 7　(2) 6

6-4 8

유형**1** 백합을 세어 보면 하나, 둘, 셋이므로 **3**입니다.

1-1 바나나를 세어 보면 하나, 둘, 셋, 넷이므로 **4**입니다.

1-3 요구르트를 세어 보면 하나, 둘, 셋, 넷, 다섯이므로 **5**입니다. **5**는 다섯 또는 오라고 읽습니다.

2-1 (1) 딸기의 수를 세어 보면 일곱이므로 **7**에 ◯표 합니다.

(2) 바나나의 수를 세어 보면 아홉이므로 **9**에 ◯표 합니다.

2-3 (1) 6은 여섯이므로 여섯까지 세면서 색칠합니다.

(2) 9는 아홉이므로 아홉까지 세면서 색칠합니다.

2-4 • 로봇의 수를 세어 보면 여섯이므로 **6**입니다.

• 곰인형의 수를 세어 보면 여덟이므로 **8**입니다.

• 팽이의 수를 세어 보면 일곱이므로 **7**입니다.

2-5 달팽이의 수를 세어 보면 여덟이므로 **8**입니다.

8은 여덟 또는 팔이라고 읽습니다.

3-2 일곱은 개수를 나타내고, 일곱째는 차례 순서를 나타냅니다.

3-3

4	7	2	5	6	8	9	I	3
↑	↑	↑	↑	↑	↑	↑	↑	↑
아홉째	여덟째	일곱째	여섯째	다섯째	넷째	셋째	둘째	첫째

4-1 수를 순서대로 쓰면 I, 2, 3, 4, 5, 6, 7, 8, 9입니다.

4-2 순서를 거꾸로 하여 수를 써 보면 9, 8, 7, 6, 5, 4, 3, 2, I입니다.

4-3 I, 2, 3, 4, 5, 6, 7, 8, 9의 순서대로 점을 잇습니다.

유형5 5보다 I만큼 더 큰 수는 **6**입니다.

5-1 4보다 I만큼 더 작은 수는 **3**입니다.

5-2 7보다 I만큼 더 큰 수는 **8**입니다.

5-3 6보다 I만큼 더 작은 수는 **5**입니다.

5-4 (1) 8보다 I만큼 더 큰 수는 8 바로 뒤의 수인 **9**입니다.

(2) 7보다 I만큼 더 작은 수는 7 바로 앞의 수인 **6**입니다.

5-5 금붕어가 하나도 없으면 **0**이라고 씁니다.

6-4 주어진 수를 순서대로 쓰면 2, 7, 8이므로 가장 큰 수는 **8**입니다.

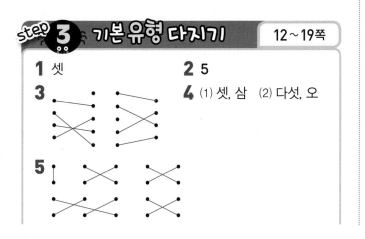

step 3 기본 유형 다지기 12~19쪽

1 셋   **2** 5

3

4 (1) 셋, 삼 (2) 다섯, 오

5

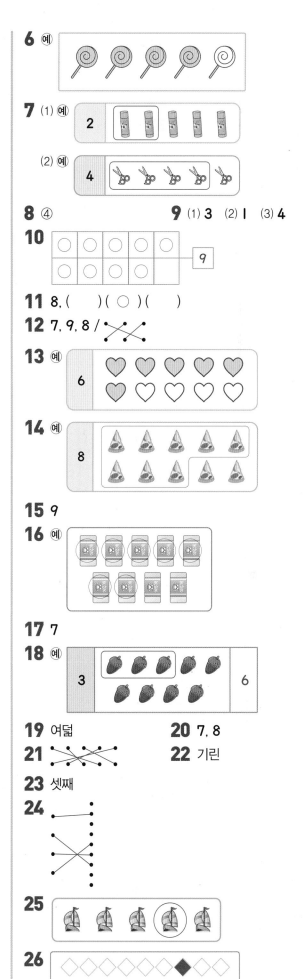

6 (예)

7 (1) (예) 2

(2) (예) 4

8 ④   **9** (1) 3 (2) I (3) 4

10 9

11 8, ( )(○)( )

12 7, 9, 8 /

13 (예) 6

14 (예) 8

15 9

16 (예)

17 7

18 (예) 3 / 6

19 여덟   **20** 7, 8

21   **22** 기린

23 셋째

24

25

26

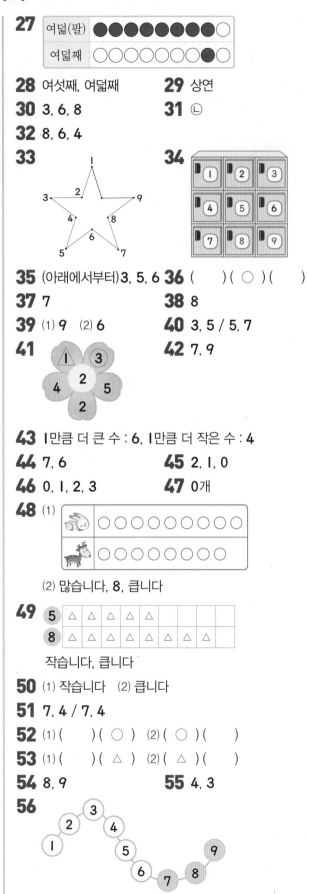

27

| 여덟(팔) | ●●●●●●●●○ |
| 여덟째 | ○○○○○○○●○ |

28 여섯째, 여덟째   **29** 상연

30 3, 6, 8   **31** ㉡

32 8, 6, 4

33

34

35 (아래에서부터) 3, 5, 6   **36** ( )(○)( )

37 7   **38** 8

39 (1) 9 (2) 6   **40** 3, 5 / 5, 7

41   **42** 7, 9

43 1만큼 더 큰 수 : 6, 1만큼 더 작은 수 : 4

44 7, 6   **45** 2, 1, 0

46 0, 1, 2, 3   **47** 0개

48 (1)

| 🐰 | ○○○○○○○○○ |
| 🦌 | ○○○○○○○ |

(2) 많습니다, 8, 큽니다

49

| 5 | △△△△△ |
| 8 | △△△△△△△△ |

작습니다, 큽니다

50 (1) 작습니다 (2) 큽니다

51 7, 4 / 7, 4

52 (1) ( )(○) (2) (○)( )

53 (1) ( )(△) (2) (△)( )

54 8, 9   **55** 4, 3

56

57 (1) ⚠ ⑧ (2) ⚠ ⑦

58 지혜

8 상황에 따라 아파트의 동 이름은 '삼' 동으로, 팽이의

수는 '다섯' 개로 읽습니다.

9 (1) 병아리의 수를 세어 보면 셋이므로 **3**입니다.
(2) 고양이의 수를 세어 보면 하나이므로 **1**입니다.
(3) 거북이의 수를 세어 보면 넷이므로 **4**입니다.

10 개미를 세어 보면 아홉이므로 ○를 **9**개 그리고, **9**라고 쓵니다.

11 농구공을 세어 보면 여덟이므로 **8**이라고 씁니다. **8**은 여덟 또는 팔이라고 읽습니다.

12 당근의 수를 세어 보면 일곱이므로 **7**입니다.
가지의 수를 세어 보면 아홉이므로 **9**입니다.
감자의 수를 세어 보면 여덟이므로 **8**입니다.

13 6은 여섯이므로 여섯까지 세면서 색칠합니다.

14 8은 여덟이므로 여덟까지 세면서 묶습니다.

15 색종이는 아홉이고, 아홉은 **9**로 나타냅니다.

16 친구가 일곱 명이므로 지우개 **7**개에 ○표 합니다.

17 물감, 크레파스, 펼친 손가락을 세어 보면 각각 일곱이므로 **7**입니다.

18 3이므로 셋을 묶습니다. 묶지 않은 것의 수를 세어 보면 여섯이므로 **6**입니다.

21 깃발에 가까운 사람부터 차례로 첫째, 둘째, 셋째, 넷째, 다섯째입니다.

22 다섯째로 달리고 있는 동물은 기린입니다.

25 첫째, 둘째, 셋째, 넷째, 다섯째는 차례 순서를 나타냅니다.

27 여덟은 개수를 나타내고, 여덟째는 차례 순서를 나타냅니다.

29 영수부터 순서대로 세어 봅니다.

첫째 둘째 셋째 넷째 다섯째 여섯째
영수 석기 지혜 한별 예슬 상연, 한솔, 웅이, 동민

33 1, 2, 3, 4, 5, 6, 7, 8, 9의 순서대로 점을 잇습니다.

36 7보다 1만큼 더 큰 수는 8입니다.

37 달팽이는 6마리입니다. 6보다 1만큼 더 큰 수는 6의 다음 수인 7입니다.

38 복숭아는 9개입니다. 9보다 1만큼 더 작은 수는 9 바로 앞의 수이므로 8입니다.

41 2보다 1만큼 더 큰 수는 3이고, 1만큼 더 작은 수는 1입니다.

42 연필은 8자루입니다. 8보다 1만큼 더 작은 수는 7이고, 1만큼 더 큰 수는 9입니다.

43 다섯은 5이므로 1만큼 더 큰 수는 6이고, 5보다 1만큼 더 작은 수는 4입니다.

45 펼친 손가락의 수를 세어 봅니다. 펼친 손가락이 없으면 0이라고 씁니다.

46 처음에 개구리가 하나도 없으므로 0으로 나타내고, 개구리의 수가 하나씩 늘어가는 것을 수 1, 2, 3으로 나타냅니다.

47 가지고 있던 사탕 2개를 모두 먹으면 아무것도 없게 됩니다. 따라서 남은 사탕은 0개입니다.

51 장미와 튤립을 하나씩 연결했을 때 장미가 남으므로 장미가 튤립보다 많습니다. ⇨ 7은 4보다 큽니다.

54 7보다 큰 수는 8, 9입니다.

55 5보다 작은 수는 4와 3입니다.

56 6보다 큰 수는 7, 8, 9입니다.

57 (1) 4와 1을 비교하면 4가 더 큽니다. 4와 8을 비교하면 8이 더 큽니다. 그러므로 8이 가장 크고 1이 가장 작습니다.
(2) 0과 7을 비교하면 7이 더 큽니다. 7과 3을 비교하면 7이 더 큽니다. 0과 3을 비교하면 3이 더 큽니다.
그러므로 7이 가장 크고 0이 가장 작습니다.

58 9는 7보다 큽니다. 따라서 딸기를 더 많이 먹은 사람은 지혜입니다.

---

step 4 응용실력기르기 20~23쪽

1

2 ○○○ / 여덟, 팔

3 5개   **4** 한별

5 5   **6** 셋째

---

7 2개   **8** 4

9 2, 4, 5   **10** 2

11 둘째, 셋째, 다섯째, 넷째

12 ▨ =9, ▲ =5   **13** 3병

14 3개   **15** (△) (○) ( )

16 유승

1 딸기를 2(둘)만큼 묶으면 묶지 않은 딸기는 일곱이므로 묶지 않은 딸기의 수는 7입니다.

3 가위바위보를 해서 진 사람은 석기이므로 진 사람이 펼친 손가락의 수를 세어 보면 다섯이므로 5입니다.

4 세 사람이 말한 수를 써 보면 예슬: 9, 한별: 8, 효근: 9입니다. 따라서 나머지 두 사람과 다른 수를 말한 사람은 한별입니다.

5 수가 가장 작은 것부터 써 보면
셋, 4, 5, 여섯, 일곱, 팔, 아홉이므로 셋째로 작은 수는 5입니다.

6 (앞) → 첫째 둘째 셋째 넷째 다섯째
         ○   ○   ●   ○   ○
    다섯째 넷째 셋째 둘째 첫째 ← (뒤)

7 4층과 7층 사이에는 5층과 6층이 있습니다. 따라서 4층과 7층 사이에는 2개의 층이 있습니다.

8 | 9 | 8 | 7 | 6 | 5 | 4 | 3 | 2 | 1 |
             ↑
           여섯째

9 고양이는 둘째에 있으므로 2, 양은 넷째에 있으므로 4, 토끼는 다섯째에 있으므로 5입니다.

10 7부터 순서를 거꾸로 하여 수를 쓰면 7−6−5−4−3−2이므로 ㉠에 알맞은 수는 2입니다.

11 호박이 열리는 과정은 씨앗 → 새싹 → 줄기 → 꽃 → 열매 순서입니다.

12 8은 9 바로 앞의 수이므로 9보다 1만큼 더 작은 수입니다. ⇨ ▨ =9
6은 5 바로 뒤의 수이므로 5보다 1만큼 더 큰 수입니다. ⇨ ▲ =5

13 사과 주스는 5병보다 1병 더 적게 있으므로 4병입니다. 포도 주스는 4병보다 1병 더 적게 있으므로 3병입니다.

14 2보다 크고 7보다 작은 수는 6, 3, 5이므로 모두 3개입니다.

15 6보다 1만큼 더 큰 수 : 7,
8보다 1만큼 더 큰 수 : 9,
9보다 1만큼 더 작은 수 : 8
7, 9, 8을 수의 순서대로 쓰면 7, 8, 9이므로 가장 큰 수는 9이고, 가장 작은 수는 7입니다.

16 세 수를 수의 순서대로 쓰면 4, 6, 7이므로 가장 큰 수는 7입니다. 따라서 화살을 과녁에 가장 많이 맞힌 사람은 유승이입니다.

step 5 응용실력 높이기 24~27쪽

01 예슬, 한별	**02** ( )(○)( )
03 7	**04** 6
05 다섯째	**06** 7, 8
07 6명	**08** 3명
09 석기	**10** 5, 6
11 지혜	**12** 6개

01 예슬 : 다람쥐가 다섯 마리 있습니다.
한별 : 우리 집은 칠층에 있어요.

02 첫 번째, 세 번째는 ▨이 8개이고, 두 번째는 ▨이 7개입니다.

03 6은 ㉠보다 작으므로 ㉠은 6보다 큽니다.
따라서 ㉠은 6보다 크고 8보다 작은 수이므로 ㉠에 알맞은 수는 7입니다.

04 9 8 7 6 5 4 3 2 1
         ↑   ↑
       셋째   다섯째
셋째와 다섯째 사이에 놓인 숫자 카드의 수는 6입니다.

05 (무거운 순서) ○ ○ ● ○ ○ ○ ○
첫째 둘째 셋째 넷째 다섯째 여섯째 일곱째
일곱째 여섯째 다섯째 넷째 셋째 둘째 첫째 (가벼운 순서)

06 가운데 수는 맨 위에 있는 수보다 1만큼 더 큰 수이므로 7이고, 맨 아래에 있는 수는 가운데 수보다 1만큼 더 큰 수이므로 8입니다.

07 석기는 친구 7명과 함께 달리기를 하고 있으므로 달리기를 하고 있는 사람은 모두 8명입니다.
(앞) ○ ○ ○ ○ ● ○ ○ ○ (뒤)
              석기
(앞) ○ ● ○ ○ ○ ○ ○ ○ (뒤)
      석기
➡ 석기 뒤에서 달리는 학생은 6명입니다.

08 가장 작은 수부터 순서대로 쓰면 3, 4, 5, 6, 7이고 이 중 6보다 작은 수는 3, 4, 5이므로 지혜보다 작은 수가 적힌 숫자 카드를 뽑은 사람은 3명입니다.

09 셋째에 나온 눈의 수는 동민이는 4, 석기는 5입니다. 따라서 셋째에 나온 눈의 수가 더 큰 사람은 석기입니다.

10 ㉮와 ㉯를 제외하고 수카드를 작은 수부터 순서대로 늘어놓으면 3, 5, 6, 8입니다. 6개의 수가 연속된 수가 되려면 중간에 빠진 4와 7을 넣어야 하는데 ㉮가 ㉯보다 큰 수이므로 ㉮=7, ㉯=4이고 연속된 수는 3, 4, 5, 6, 7, 8입니다.
따라서 둘째와 다섯째 사이에 놓인 수는 5와 6입니다.

11 사탕을 유승이는 4개, 지혜는 5개, 영수는 3개 가지고 있으므로 가장 많이 가지고 있는 학생은 지혜입니다.

12 가영이에게 구슬 2개를 받으면 예슬이는 구슬이 4개가 됩니다. 이때 두 사람의 구슬의 수가 같아졌으므로 가영이가 가지고 있는 구슬도 4개입니다.
따라서 처음에 가영이가 가지고 있던 구슬의 수는 4보다 2만큼 더 큰 수인 6이므로 6개입니다.

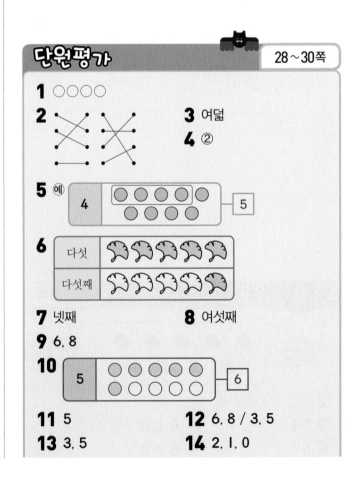

단원평가 28~30쪽

1 ○○○○

2 (선으로 연결된 그림)

3 여덟

4 ②

5 예 4 | ●●●●● / ●●●● — 5

6 다섯 | 🌿🌿🌿🌿🌿
다섯째 | 🌿🌿🌿🌿🌿

7 넷째

8 여섯째

9 6, 8

10 5 | ●●●●● / ●●●●● — 6

11 5

12 6, 8 / 3, 5

13 3, 5

14 2, 1, 0

15 6, 8 / ( )(○) **16** (△)( )

17 8   **18** 5

19 ㉮ 지혜 앞에 **5**명이 서 있으므로 첫째부터 다섯째 사람이 지혜 앞에 서 있습니다. 따라서 지혜는 앞에 서부터 여섯째에 서 있습니다. / 여섯째

20 ㉮ 세 수를 수의 순서대로 쓰면 **4, 5, 7**이므로 가장 큰 수는 가장 뒤에 있는 **7**입니다. 따라서 사탕을 가장 많이 먹은 사람은 석기입니다. / 석기

1 가지의 수를 세어 보면 넷이므로 ○를 **4**개 그립니다.

4 상황에 따라 수를 읽어 보면 딸기의 개수는 '일곱'으로, 반은 '칠'반으로 읽어야 합니다.

5 **4**이므로 넷을 묶습니다. 묶지 않은 것의 수를 세어 보면 다섯이므로 **5**입니다.

6 다섯은 개수를 나타내므로 **5**개를 색칠하고, 다섯째는 차례 순서를 나타내므로 다섯째에 해당하는 하나만 색칠합니다.

11 **6**보다 **1**만큼 더 작은 수는 **5**입니다.

14 아무것도 없는 것은 **0**이라고 씁니다.

17 **3**과 **8**을 비교하면 **8**이 더 큽니다. **8**과 **5**를 비교하면 **8**이 더 큽니다. 따라서 가장 큰 수는 **8**입니다.

18 | 8 | 7 | 6 | 5 | 4 | 3 | 2 | 1 |

넷째

2. 여러 가지 모양

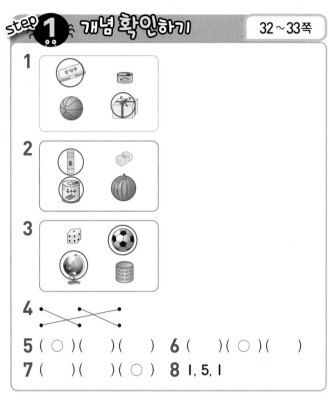

1

2

3

4

5 (○)( )( )   **6** ( )(○)( )

7 ( )( )(○)   **8** 1, 5, 1

1 필통, 선물 상자는 ▨ 모양, 통조림은 ▧ 모양, 농구공은 ● 모양입니다.

2 풀, 통조림은 ▧ 모양, 지우개는 ▨ 모양, 수박은 ● 모양입니다.

3 주사위는 ▨ 모양, 축구공, 지구본은 ● 모양, 컵은 ▧ 모양입니다.

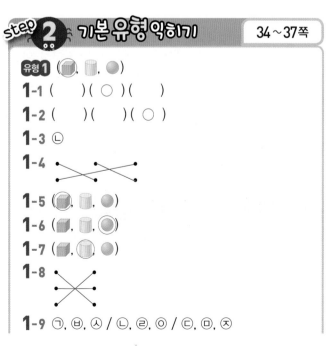

유형**1** (▨, ▧, ●)

1-1 ( )(○)( )

1-2 ( )( )(○)

1-3 ㉡

1-4

1-5 (▨, ▧, ●)

1-6 (▨, ▧, ●)

1-7 (▨, ▧, ●)

1-8

1-9 ㉠, ㉡, ㉢ / ㉣, ㉤, ㉥ / ㉦, ㉧, ㉨

유형2 (⬛ , ⬜ , ◯)

2-1 (1) ㉠   (2) ㉢

2-2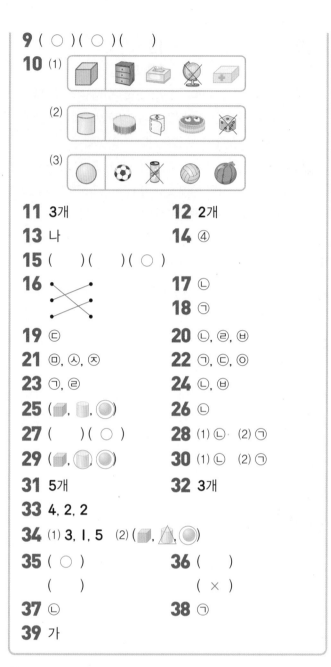

2-3 ㉡, ㉣, ㉫

2-4 ㉢

2-5 (⬛ , ⬜ , ◯)

유형3 (⬛ , ⬜ , ◯)

3-1 (1) ㉠   (2) ㉢

3-2 (⬛ , ⬜ , ◯)

3-3 6개

3-4 3, 4, 3

3-5 (1) 2, 3, 2   (2) (⬛ , ⬜ , ◯)

3-6 (   ) (◯)

3-7 가

1-1 지우개는 ⬛ 모양, 탬버린은 ⬜ 모양, 야구공은 ◯ 모양입니다.

1-2 필통은 ⬛ 모양, 풀은 ⬜ 모양, 구슬은 ◯ 모양입니다.

2-3 눕히면 한쪽 방향으로 잘 굴러가는 모양은 ⬜ 모양이므로 ⬜ 모양을 모두 찾으면 통조림, 북, 두루마리 휴지입니다.

2-4 어느 방향으로도 잘 굴러가는 모양은 ◯ 모양이므로 ◯과 같은 모양은 야구공입니다.

유형3 ⬜ 모양 2개, ◯ 모양 2개를 사용하여 만든 모양입니다.

3-6 보기 에는 ⬜ 모양이 3개인데 왼쪽은 ⬜ 모양이 4개입니다. 따라서 보기 의 모양을 사용하여 만든 것은 오른쪽입니다.

3-7 ⬛ 모양을 가는 4개, 나 : 3개 사용했습니다.

---

step 3 기본 유형 다지기   38~43쪽

1 예 사물함, 주사위   2 예 축구공, 농구공

3 (⬛ , ⬜ , ◯)   4 (   ) (◯) (   )

5 ㉠, ㉫   6 ㉢, ㉥, ㉫, ㉨

7 ㉡, ㉣, ㉦   8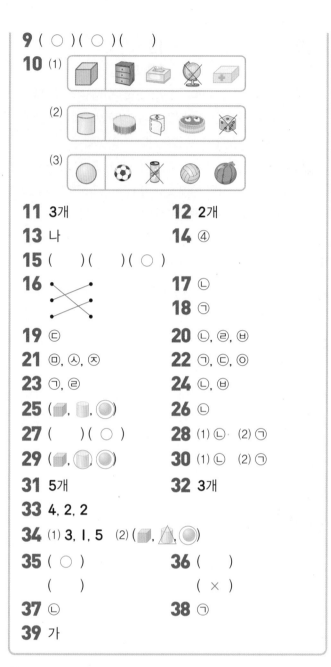

---

9 (◯) (◯) (   )

10 (1)

(2)

(3)

11 3개   12 2개

13 나   14 ④

15 (   ) (   ) (◯)

16 (교차 연결)   17 ㉡

18 ㉠

19 ㉢   20 ㉡, ㉣, ㉫

21 ㉤, ㉧, ㉨   22 ㉠, ㉢, ㉤

23 ㉠, ㉣   24 ㉡, ㉫

25 (⬛ , ⬜ , ◯)   26 ㉡

27 (   ) (◯)   28 (1) ㉡   (2) ㉠

29 (⬛ , ⬜ , ◯)   30 (1) ㉡   (2) ㉠

31 5개   32 3개

33 4, 2, 2

34 (1) 3, 1, 5   (2) (⬛ , △ , ◯)

35 (◯)   36 (   )

(   )   (×)

37 ㉡   38 ㉠

39 가

---

4 ⬛ 모양을 찾아봅니다.
배구공 ➡ ◯ 모양, 필통 ➡ ⬛ 모양, 풀 ➡ ⬜ 모양
따라서 필통에 ◯표 합니다.

11 분유 캔, 컵, 풀 ➡ 3개

12 볼링공, 구슬 ➡ 2개

14 ①, ②, ③, ⑤ ⬜ 모양, ④ ◯ 모양

23 ⬜ 모양은 눕히면 한쪽 방향으로 잘 굴러갑니다.

24 ⬛ 모양은 어느 방향으로도 잘 굴러가지 않습니다.

26 ⬛ 모양은 평평한 부분이 6개이고 ◯ 모양은 평평한 부분이 없습니다.

27 왼쪽은 ⬛ 모양 3개, ⬜ 모양 2개를 사용하였습니다. 오른쪽은 ⬛ 모양 2개, ⬜ 모양 1개, ◯ 모양 3개를 사용하였습니다.

31 ▨ 모양 : **2개**, ⬭ 모양 : **5개**, ⚪ 모양 : **2개**

37 ▨ 모양 : **2개**, ⬭ 모양 : **7개**, ⚪ 모양 : **3개**

39 ▨ 모양을 가는 **5개**, 나는 **2개** 사용했습니다.

step 4 응용실력기르기 44~47쪽

1 ㉢	**2** 4개
3 ㉠	**4** 석기
5 ㉠	**6** ㉡
7 ㉢	**8** ㉡, ㉤, ㉇
9 2개	**10** 4개
11 나	**12** (⟨▨⟩, ⬭, ⚪)
13 (▨, ⬭, ⟨⚪⟩)	

2 ⬭ 모양은 탬버린, 케이크, 풀, 음료수 캔으로 **4개**입니다.

3 ▨ 모양 : **2개**, ⬭ 모양 : **3개**, ⚪ 모양 : **3개**

6 ㉡ ▨ 모양은 어느 방향으로도 굴러가지 않습니다.

8 평평하고 뾰족한 부분이 있는 모양은 ▨ 모양입니다. 따라서 ▨ 모양 물건은 ㉡, ㉤, ㉇입니다.

10 사용한 모양은 다음과 같습니다.

따라서 ▨ 모양은 모두 **4개**입니다.

13 빈 곳에 들어갈 물건은 야구공입니다. 따라서 빈 곳에 들어갈 모양은 ⚪ 모양입니다.

step 5 응용실력 높이기 48~51쪽

01 (⟨▨⟩, ⬭ ⚪)	**02** 나
03 (▨, ⟨⬭⟩ ⚪)	**04** 7개
05 ㉢	**06** 6개
07 (⟨▨⟩, ⬭ ⚪)	**08** ㉠
09 ㉠	**10** ⬭ 모양, 3개
11 3개	**12** 예슬

01 ▨ 모양 : **3개**, ⬭ 모양 : **4개**, ⚪ 모양 : **2개**

02 가는 ▨ 모양 1개, ⬭ 모양 1개, ⚪ 모양 2개, 나는 ⬭ 모양 3개, ⚪ 모양 1개입니다.

03 예슬이가 가지고 있는 물건의 모양은 ⬭ 모양, ⚪ 모양이고 상연이가 가지고 있는 물건의 모양은 ▨ 모양, ⬭ 모양이므로 두 사람이 모두 가지고 있는 모양은 ⬭ 모양입니다.

04 평평한 부분, 뾰족한 부분이 모두 없는 것은 ⚪ 모양입니다. 따라서 〈가〉에는 3개, 〈나〉에는 4개 사용되어 〈가〉와 〈나〉 모두에는 7개가 사용되었습니다.

05 ㉢은 ▨ 모양 2개, ⬭ 모양 3개, ⚪ 모양 1개입니다.

06 ⬭ 모양의 개수는 오른쪽으로 갈수록 2개, 3개, 4개, …씩 늘어납니다. 따라서 여섯째는 다섯째보다 ⬭ 모양이 6개 더 많습니다.

07 가에 사용된 모양은 ▨ 모양, ⬭ 모양이고 나에 사용된 모양은 ▨ 모양, ⬭ 모양, ⚪ 모양입니다.

08 ▨ 모양 : **5개**, ⬭ 모양 : **4개**, ⚪ 모양 : **2개**

10 유승이가 사용한 모양은 ▨ : 4개, ⬭ : 5개, ⚪ : 3개입니다. 석기가 사용한 모양은 ▨ : 4개, ⬭ : 2개, ⚪ : 3개입니다. 따라서 유승이가 석기보다 더 많이 사용한 모양은 ⬭이고 3개 더 많이 사용했습니다.

11 가영이가 처음 가지고 있던 모양은 ▨ 모양 5개, ⬭ 모양 7개, ⚪ 모양 4개이므로 ⬭ 모양 7개는 ⚪ 모양 4개보다 3개 더 많습니다.

12 ⬭ 모양은 ㉮는 4개, ㉯는 1개, ㉰는 5개이므로 잘못 설명한 사람은 예슬이입니다.

단원평가 52~54쪽

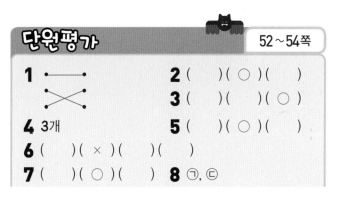

1 [선 잇기]

2 ( )(○)( )

3 ( )( )(○)

4 3개

5 ( )(○)( )

6 ( )(×)( )( )

7 ( )(○)( ) **8** ㉠, ㉢

9 ③, ⑤ **10** ㉠, ㉢, ㉣

11 ㉡, ㉥, ㉦, ㉣ **12** ㉡, ㉣, ㉤, ㉥, ㉧

13 3, 6, 1 **14** ( )(○)( )

15 ( )(×)( ) **16** 9개

17 ⑩ 농구공, 탁구공, 축구공

18 ㉡

19 ⑩ 가는 █ 모양 3개, █ 모양 2개, ● 모양 3개로 만든 것이고, 나는 █ 모양 3개, █ 모양 2개, ● 모양 4개로 만든 것입니다. 따라서 모두 사용하여 만든 것은 가입니다. / 가

20 ⑩ 영수는 █ 모양 2개, █ 모양 3개, ● 모양 3개로 만든 것이고, 동민이는 █ 모양 3개, █ 모양 1개, ● 모양 3개로 만든 것입니다. 따라서 █ 모양을 더 많이 사용한 사람은 동민입니다. / 동민

1 상자는 █ 모양, 농구공은 ● 모양, 두루마리 휴지는 █ 모양입니다.

4 서랍, 책, 주사위는 █ 모양입니다.

5 모든 방향으로 잘 굴러가는 모양은 ● 모양입니다.

7 둥근 부분과 평평한 부분이 있으므로 █ 모양입니다.

8 █ 모양의 일부분을 나타낸 것입니다. █ 모양은 뾰족한 부분과 평평한 부분이 있습니다.

16 모양을 만드는데 모두 7개를 사용하고 █ 모양이 2개 남았으므로 만들기 전에 있던 모양은 모두 9개입니다.

17 █ 모양 4개, █ 모양 2개, ● 모양 1개이므로 가장 적게 사용한 모양은 ● 모양입니다.

18 █ 모양, ● 모양, █ 모양이 반복되는 규칙입니다. 따라서 빈 곳에 들어갈 모양은 █ 모양입니다.

---

3. 덧셈과 뺄셈

step 1 개념 확인하기 56~57쪽

1 2, 1 **2** ○○○○

3 ○○ **4** 4, 3

5 (box with ○○○ / ○○○) **6** (1) 9 (2) 7

7 (1) 2, 3, 5 (2) 2, 3, 1

step 2 기본 유형 익히기 58~61쪽

유형1 2, 2

1-1 (1) 1, 1 (2) 3

1-2 (1) 1 (2) 1 (3) 2 (4) 1

유형2 4, 3

2-1 (1) 1, 3 (2) 2, 5

2-2 (1) ○○○○ (2) ○○○ (3) ○

2-3 (1) 3 (2) 3 (3) 5 (4) 4

유형3 6, 5

3-1 (1) 3, 3 (2) 5, 7

3-2 (1) ○ (2) ○○ (3) ○○○

3-3 6, 5, 4, 3, 2, 1

유형4 8, 5

4-1 (1) 6 (2) 9

4-2 (1) ○○○○ (2) ○ (3) ○○

4-3 (1) 7 (2) 4

4-4

9	1	2	3	4	5	6	7	8
	8	7	6	5	4	3	2	1

유형5 4, 3, 7

5-1 ⑩ 토끼가 2마리, 병아리가 4마리 있으므로 토끼와 병아리는 모두 6마리입니다.

5-2 ⑩ 남학생이 5명, 여학생이 3명 있으므로 남학생이 여학생보다 2명 더 많습니다.

3-3 빨간색 단추와 파란색 단추가 각각 몇 개인지 세어 봅니다.

1 3, 7, 3, 7, 3, 7   **2** 5, 6

3 3, 3 / 3, 3 / 3, 3   **4** 4, 3

5 (1) 0, 3   (2) 0, 5

6 (1) 4, 5, 6, 7   (2) 7, 6, 5, 4

11-2 (1) −   (2) ＋   (3) −   (4) ＋

11-3 예 5＋4

11-4 예 5, 3 / 예 3, 5

11-5 예 3, 6, 9 / 예 9, 3, 6

10-7 ㉠ 4 ㉡ 5 ㉢ 7 ㉣ 5

유형**6** 2, 5 / 3, 2, 5

6-1 5, 3, 8 / 5, 3, 8

6-2 1, 6, 7 / 예 1 더하기 6은 7과 같습니다.

6-3

유형**7** 6, 6, 6

7-1 5, 7

7-2 9 / 4, 9

7-3 예 2, 3, 5

유형**8** 3, 5 / 8, 3, 5

8-1 7, 5, 2, 7, 5, 2

8-2 6, 1, 5, 예 6 빼기 1은 5와 같습니다.

8-3

유형**9** 3, 2

9-1 6, 1, 5

9-2 7 / 9, 7

9-3 2, 6, 6

유형**10** (1) 0, 4   (2) 0, 5

10-1 0, 3

10-2 0, 0

10-3 0, 6

10-4 7, 0

10-5 (1) 6   (2) 0   (3) 0   (4) 7

10-6

10-7 ㉡, ㉣

유형**11** (1) 1   (2) 1

11-1 (위에서부터) 2, 4, 3, 3, 4, 2, 5, 1

---

1 (1) 2   (2) 1, 2

2 (1) ○○○○   (2) ○○○○

3 (1) 4   (2) 3

4 (1)

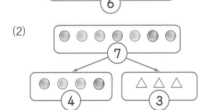

(2)

5 (1) 2   (2) 6

6

7	1	2	3	4	5	6
	6	5	4	3	2	1

7 9   **8** (1) 9   (2) 8

9 5, 6   **10**

11

     4   1

예 3   2

예 1   4

12 ③   **13** 2

14   **15** 3, 3

                    16 4, 1, 5

17 예 감자가 2개, 고구마가 6개 있습니다. 감자와 고구마는 모두 8개 있습니다.

예 감자가 2개, 고구마가 6개 있습니다. 고구마는 감자보다 4개 더 많습니다.

18 7 / 7

19
●	●	●	●	●
●				

, 6

20 (예) 3, 4, 7   **21** 4, 4, 8

22 ✕   **23** 5+1=6

24 (1) 9   (2) 8   **25** 4개

26 (   ) (○)   **27** ✕

28 5, 3 / 5, 3   **29** 6, 3, 3

30 1 / 7, 1   **31** 3

32 ✕   **33** (   ) (   ) (○)

34 6개

35 (예) 5, 1, 4 / (예) 7, 3, 4

36 (1) 2   (2) 4   (3) 4   **37** 2자루

38 7마리   **39** 5개

40 0, 5, 5 / 1, 4, 5 / 2, 3, 5 / 3, 2, 5 / 4, 1, 5 / 5, 0, 5

41 7   **42** ㉠, ㉢, ㉡, ㉣

43 0, 5   **44** 0, 0

45 7   **46** 0, 4

47 9, 0

48 (1) 3   (2) 2   (3) 5   (4) 7

49 ✕   **50** ㉡, ㉣

51 9, 6, 0   **52** 6, 7, 8, 9, 1, 1

53 7, 6, 5, 4 / 1, 1   **54** 3, 8 / 5, 8

55 같습니다.   **56** (1) −   (2) +

57 (예) 1, 7, 8 / (예) 8, 1, 7

3 (1) 3과 1을 모으면 4가 됩니다.
　　(2) 5는 2와 3으로 가를 수 있습니다.

7 야구공 5개와 4개를 모으면 9개입니다.
　　따라서 5와 4를 모으면 9가 됩니다.

12 ① |1|5| → |6| ② |3|3| → |6| ③ |4|3| → |7|
　　④ |4|2| → |6| ⑤ |5|1| → |6|

13 3은 1과 2로 가를 수 있습니다.
　　따라서 어떤 수는 2입니다.

25 3과 1을 모으면 4입니다.

26 7+1=8, 4+5=9

27 2+6=8, 3+2=5
　　1+4=5, 4+4=8
　　5+2=7, 1+6=7

28 별 8개에서 5개를 빼면 별 3개가 남습니다. 이것을 8−5=3이라 쓰고, '8 빼기 5는 3과 같습니다.'라고 읽습니다.

31 9−6=3

32 6−1=5, 9−6=3
　　7−4=3, 8−7=1
　　5−4=1, 7−2=5

33 5−2=3, 7−4=3, 8−4=4

34 8−2=6

37 5−3=2

38 3+4=7

39 7−2=5이므로 지혜가 먹은 귤은 5개입니다.

41 가장 큰 수 : 9, 가장 작은 수 : 2
　　⇨ 9−2=7

42 ㉠ 6−3=3   　㉡ 7−2=5
　　㉢ 8−4=4   　㉣ 9−2=7

50 ㉠ 3   ㉡ 2   ㉢ 4   ㉣ 2

54 두 수를 바꾸어 더해도 그 합은 같습니다.
　　따라서 5와 3을 더해도, 3과 5를 더해도 그 합은 8로 같습니다.

55 석기의 구슬의 수 : 4+2=6(개)
　　영수의 구슬의 수 : 2+4=6(개)
　　따라서 두 사람이 가지고 있는 구슬의 수는 같습니다.

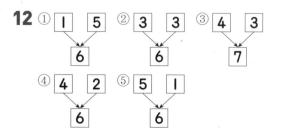

step **4** 응용실력기르기   76~79쪽

1 3, 5   **2** ㉢

3 ㉡   **4** ㉠, ㉢

5
5	3	6
4	1	8
2	7	3

6 ㉢

7 상연 **8** 9

9 ( )(○)( ) **10** ⚂⚁

11 ( )(○)( ) **12** 1개

13 ╳

14 예 9−7

15 ㉠, ㉡, ㉢

16 예 2, 5, 7 / 예 7, 5, 2

---

1 □ 1 7 □ 2 6 □ 3 5 □ 4 4
⇨ 3과 5를 모으면 8이 됩니다.

2 ㉠ 2와 4를 모으면 6입니다.
㉡ 3과 3을 모으면 6입니다.
㉢ 6과 1을 모으면 7입니다.

3 7은 4와 3으로 가를 수 있습니다. ⇨ ㉠=4
1과 4를 모으면 5입니다. ⇨ ㉡=5

4 파란 공깃돌 : 4개, 빨간 공깃돌 : 4개
⇨ ㉠ 4+4=8, ㉡ 8−4=4

6 ㉠ 7은 3과 4로 가를 수 있습니다.
㉡ 6은 4와 2로 가를 수 있습니다.
㉢ 8은 5와 3으로 가를 수 있습니다.
따라서 빈 곳에 들어갈 수가 다른 것은 ㉢입니다.

7 영수 : 1과 5를 모으면 6입니다.
상연 : 4와 3을 모으면 7입니다.
따라서 모으기 한 수가 더 큰 사람은 상연입니다.

8 가장 큰 수는 7이고, 가장 작은 수는 2이므로 두 수를 모으면 9입니다.

9 2+6=8, 7−7=0, 5+3=8

10 유승이가 던져서 나온 눈의 수의 합이 6+2=8이므로 빈 곳에 알맞은 주사위의 눈의 수는
8−3=5입니다.

11 9−3=6, 6−1=5, 8−2=6

12 가영 : ○ ○ ○ ○ ○ ○ ○ ○
한별 : ○ ○ ○ ○ ○ ○ ○
따라서 가영이는 한별이보다 구슬을 8−7=1(개)
더 많이 가지고 있습니다.

13 2+5=7, 0+4=4, 5−0=5
8−3=5, 7−0=7, 6−2=4

14 6−4=2, 7−5=2, 8−6=2이므로 차는 2입니다.
이 외에 차가 2인 뺄셈식은 9−7=2, 5−3=2,
4−2=2, 3−1=2가 있습니다.

---

15 (전체 인형의 수)=3+5=8
(곰 인형의 수)=8−5=3
(토끼 인형의 수)=8−3=5

step 5 응용실력 높이기 **80~83쪽**

01 7가지 **02** 5
03 4가지 **04** ㉠, ㉣, ㉢, ㉡
05 ㉠, ㉣, ㉢, ㉡ **06** 3개
07 3 **08** 8개
09 1개 **10** 9
11 9 **12** 9

---

01 초콜릿 8개를 (1과 7), (2와 6), (3과 5),
(4와 4), (5와 3), (6과 2), (7과 1)로 나눌 수 있
으므로 나누어 먹는 방법은 모두 7가지입니다.

02 4와 2를 모으면 6입니다. ●=4
5는 4와 1로 가를 수 있습니다. ◆=5

03 차가 3이 되는 뺄셈식은 다음과 같습니다.
3−0=3, 5−2=3, 7−4=3, 8−5=3
따라서 만들 수 있는 뺄셈식은 모두 4가지입니다.

05 ㉠ 6−3=3 ㉡ 8−1=7
㉢ 7−2=5 ㉣ 9−5=4
따라서 계산 결과가 가장 작은 것부터 순서대로 기호
를 쓰면 ㉠, ㉣, ㉢, ㉡입니다.

06 유승이가 구슬 8개를 양손에 똑같이 나누면 한 손에는
구슬이 4개씩 있습니다. 유승이가 한솔이에게 구슬
을 4개 주면 한솔이의 구슬은 7개가 되므로 한솔이
가 처음에 가지고 있던 구슬은 7−4=3(개)입니다.

07 합이 9가 되는 두 수는 0과 9, 1과 8, 2와 7, 3과
6, 4와 5입니다. 이 중에서 차가 3이 되는 두 수는
3과 6이고, 더 작은 수는 3입니다.

	차 : 3	
합 : 9	3	3 ← 큰 수 : 6
	3	← 작은 수 : 3

08 (배의 수)=(사과의 수)+2
=3+2=5(개)
(사과와 배의 수)=3+5=8(개)

09 (동민이가 가지고 있는 구슬의 수)=5+4=9(개)
(한솔이가 가지고 있는 구슬의 수)=2+6=8(개)

따라서 동민이가 한솔이보다 9−8=1(개) 더 많이 가지고 있습니다.

10 △+△=6에서 △=3입니다.
3+■=7에서 ■=4입니다.
따라서 ●−■=5에서 ●=■+5이므로
●=4+5=9입니다.

11 ㉮+㉯=4이므로 1+3=4, 3+1=4에서
㉮=1이면 ㉯=3, ㉮=3이면 ㉯=1입니다.
㉮+㉰=6이므로 ㉰는 ㉯보다 2만큼 더 큰 수입니다.
㉯+㉰=8이므로 ㉯+㉯=8−2=6이고 ㉯=3
입니다.
따라서 3+㉰=8에서 ㉰=8−3=5입니다.
그러므로 ㉮+㉯+㉰=1+3+5=9입니다.

12 5+●=8에서 ●=8−5=3입니다.
3+3=■에서 ■=6입니다.
따라서 ●+■=3+6=9입니다.

단원평가

84~86쪽

1 4, 4
2 5, 2, 7
3 ○○○
4 ○○○○○○
5 (1) 4 (2) 9
6 ③
7 •——•
　　✕
8 7
9 2
10 •——•
　　✕
11 9
12 ④
13 4조각
14 (　　)(○)
15 ③
16 8
17 4개
18 ㉡
19 예 귤 6개를 (1과 5), (2와 4), (3과 3), (4와 2), (5와 1)로 나눌 수 있으므로 나누어 먹는 방법은 모두 5가지입니다. / 5가지
20 예 상연이가 고른 도미노의 점의 수의 차는 6−3=3이고, 영수가 고른 도미노의 점의 수의 차는 4−3=1입니다. 따라서 이긴 사람은 상연입니다. / 상연

1 8은 4와 4로 가를 수 있습니다.

2 5와 2를 모으면 7이 됩니다.

3 5는 2와 3으로 가를 수 있습니다.

4 2와 4를 모으면 6입니다.

5 (1) 4는 2와 2로 가를 수 있습니다.
(2) 2와 1을 모으면 3이 됩니다.

6 ③ 5와 2를 모으면 7이 됩니다.

7 3과 3을 모으면 6이 됩니다.
1과 8을 모으면 9가 됩니다.
6과 1을 모으면 7이 됩니다.

11 2+1=3이므로 ㉠=3이고, 3+3=6이므로
㉡=6입니다. ⇨ ㉠+㉡=3+6=9

12 ① 0 ② 0 ③ 0 ④ 1 ⑤ 0이므로 □ 안에 들어갈 수가 다른 것은 ④입니다.

13 (남은 케이크 조각의 수)
=(처음에 있던 케이크 조각의 수)
　−(먹은 케이크 조각의 수)
=6−2=4(조각)

14 8−6=2, 7−3=4이므로
계산 결과가 더 큰 것은 7−3입니다.

15 ① 3 ② 6 ③ 4 ④ 6 ⑤ 3

16 가장 큰 수는 6이고, 가장 작은 수는 2이므로
6+2=8입니다.

17 9−5=4

18 ㉠ 4+1=5　　　㉡ 3+5=8
㉢ 7−4=3　　　㉣ 9−2=7
계산 결과가 가장 큰 것은 8이므로 ㉡입니다.

4. 비교하기

1 (○)   **2** (○)
    (   )   (   )
                        (△)

3 (1) 예슬   (2) 효근   **4** (○)(   )
5 (   )(△)(   )   **6** (○)(   )
7 (   )(△)(   )   **8** (   )(△)(○)
9 (○)(   )

1 왼쪽 끝이 맞추어져 있으므로 위에 있는 연필이 아래에 있는 연필보다 더 깁니다.

2 왼쪽 끝이 맞추어져 있으므로 오른쪽으로 가장 많이 나온 연필이 가장 길고 가장 적게 나온 지우개가 가장 짧습니다.

4 양손으로 직접 들어 보았을 때, 힘이 더 드는 쪽이 더 무겁습니다. 따라서 책가방이 더 무겁습니다.

9 그릇의 모양과 크기가 같으므로 물의 높이가 더 높은 왼쪽 그릇에 담긴 물의 양이 더 많습니다.

유형1 (1) 깁니다   (2) 짧습니다
1-1 (△)
     (   )
1-2 ㉠
1-3 2, 1, 3
1-4 (○)(   )
1-5 (1) 높습니다   (2) 낮습니다
1-6 (   )(○)(△)
유형2 (1) 가볍습니다   (2) 무겁습니다
2-1 (○)(   )
2-2 (   )(△)
2-3 (1) 무겁습니다   (2) 가볍습니다
2-4 (○)(   )(△)
2-5 ㉠

2-6 2, 3, 1
유형3 (1) 넓습니다   (2) 좁습니다
3-1 (○)(   )
3-2 (△)(   )
3-3 가
3-4 (   )(   )(○)
3-5 (○)(△)(   )
3-6 2, 3, 1
유형4 (○)(△)
4-1 (1) (   )(○)   (2) (   )(○)
4-2 2, 1, 3
4-3 (○)(   )
4-4 (○)(△)(   )
4-5 ㉡

1-2 양쪽 끝의 위치가 같을 때에는 많이 구부러져 있을수록 폈을 때 더 깁니다.

1-3 가장 짧은 것부터 순서대로 쓰면 연필, 자, 필통입니다.

1-4 아래쪽이 맞추어져 있으므로 위쪽으로 더 높이 올라간 건물이 더 높습니다.

3-3 가 : 9개   나 : 7개

4-1 (2) 물의 높이가 같을 때에는 그릇이 큰 쪽의 물이 더 많습니다.

4-2 그릇의 모양과 크기가 같으므로 물의 높이가 높을수록 담긴 물의 양이 더 많습니다.

4-3 그릇의 크기가 더 작은 왼쪽 컵에 담을 수 있는 물의 양이 더 적습니다.

4-5 그릇의 크기가 가장 큰 ㉡ 컵에 우유를 가장 많이 담을 수 있습니다.

1 (○)   **2** (   )
   (   )   (△)
3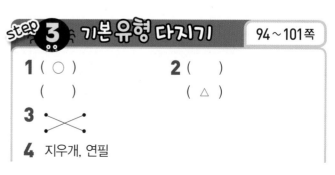
4 지우개, 연필

5 (△)
(○)
( )

6 ㉡

7 ㉡

8 2, 3, 1

9 ( )
(△)
( )

10 상연

11 나, 라

12 영수, 지혜 / 지혜, 영수

13 ( )( )(○)

14 (○)( )

15 (△)( )

16 ( )(○)(△)

17 가장 낮은 것 : ㉢, 가장 높은 것 : ㉡

18 동민

19 (1) 무겁습니다 (2) 가볍습니다

20 멜론, 참외 / 참외, 멜론

21 ( )(○)

22 (△)( )

23 (○)( )

24 ( )(○)

25 효근, 석기

26 풍선, 볼링공

27 ( )(○)( )

28 ㉡

29 (○)(△)( )

30 2, 3, 1

31 수박, 포도, 딸기

32 좁습니다.

33 (○)( )

34 (△)( )

35 ㉠

36 운동장

37 (1) 넓습니다 (2) 좁습니다

38 동민

39 (○)( )

40

41 (△)(○)( )

42 2, 1, 3

43 ( )(△)( )

44 (○)( )

45 (○)( )

46

47 ㉠

48 ㉡

49 많습니다

50

51 ( )( )(○)

52 (○)(△)(.)

53 1, 3, 2

54 ㉠

55 나

56 ㉡

57 동민

5 왼쪽 끝이 맞추어져 있으므로 오른쪽으로 가장 많이 나온 쪽이 가장 길고 가장 적게 나온 쪽이 가장 짧습니다.

6 왼쪽 끝이 맞추어져 있으므로 오른쪽으로 가장 적게

나온 ㉡이 가장 짧습니다.

8 가장 긴 것부터 순서대로 쓰면 대파, 오이, 당근입니다.

13 아래쪽이 맞추어져 있으므로 위로 가장 많이 올라간 사람이 가장 큽니다.

24 양팔 저울이 위로 올라간 쪽이 더 가볍고, 아래로 내려간 쪽이 더 무겁습니다.

25 석기가 효근이보다 더 가벼우므로 석기쪽의 시소가 위로 올라갑니다.

26 풍선은 야구공보다 더 크지만, 직접 들어 보면 풍선이 더 가볍습니다.

33 두 물건을 직접 맞대어 보았을 때, 남는 부분이 있는 모니터가 더 넓습니다.

38 예슬이는 6칸, 동민이는 7칸 색칠했습니다.

40 왼쪽은 4칸을 색칠했고 오른쪽은 9칸을 색칠했으므로 4칸보다는 많고 9칸보다는 적게 색칠합니다.

43 계산기보다 더 좁은 것은 딱지입니다.

44 그릇의 모양과 크기가 같으므로 음료수의 높이가 더 높은 왼쪽 그릇의 음료수의 양이 더 많습니다.

45 그릇의 크기가 클수록 담을 수 있는 양이 더 많습니다.

47 물의 높이는 같으나 그릇의 크기가 다르므로 그릇이 클수록 담긴 물의 양이 더 많습니다.

48 그릇의 모양과 크기가 같으므로 물의 높이가 낮을수록 담긴 물의 양이 더 적습니다.

50 그릇의 크기가 오른쪽이 왼쪽보다 더 크므로 물을 옮겨 담으면 물의 높이가 낮아질 것입니다.

52 물의 높이는 같으나 그릇의 크기가 다르므로 그릇의 크기가 클수록 담긴 물의 양이 더 많습니다.

step 4 응용실력기르기 102~105쪽

1 ②

2 자, 우산

3 지우개, 크레파스

4 ④

5 석기, 지혜, 지혜, 석기

6 (○)(○)( )( )

7 2개

8 귤, 복숭아, 수박

9 가영

10 1번 상자

11 나

12 ⑤

13

14 동민

15 양동이

16 ㉰ 그릇

1 직관적 비교의 방법에 따라 연필의 길이를 비교해 보면 ㉡ 연필의 길이가 가장 깁니다.

7 양팔 저울로 비교한 물건의 무게를 생각해 보면 책보다 무거운 것은 신발과 수박입니다.

9 가장 무거운 사람부터 순서대로 쓰면 가영, 예슬, 지혜입니다.

10 4번 상자가 1번 상자보다 더 무겁습니다.
2번 상자가 3번 상자보다 더 무겁습니다.
1번 상자가 2번 상자보다 더 무겁습니다.
따라서 가장 무거운 것부터 4번 상자, 1번 상자, 2번 상자, 3번 상자이므로 둘째로 무거운 상자는 1번 상자입니다.

11 가 : 6장   나 : 7장   다 : 5장

12 같은 크기로 나누어 표시한 것을 비교하면 민희네 밭과 수영이네 밭의 크기는 같습니다. 또한 민희가 토마토를 심은 부분과 수영이가 토마토를 심은 부분의 넓이가 같고, 민희가 딸기를 심은 부분과 수영이가 딸기를 심은 부분의 넓이도 같습니다.

14 컵의 모양과 크기가 같으므로 남아있는 주스의 높이가 낮을수록 많이 마신 것입니다.

16 ·㉮에 가득 담은 물을 ㉯에 부으면 넘치므로 담을 수 있는 양은 ㉮가 ㉯보다 많습니다.
·㉮에 가득 담아 ㉰에 부으면 가득 차지 않으므로 담을 수 있는 양은 ㉰가 ㉮보다 많습니다.
따라서 담을 수 있는 양이 가장 많은 그릇은 ㉰입니다.

step 5 응용실력 높이기 106~109쪽

01 ㉡

02 라

03 한별

04 효근

05 ③번

06 과학책 3권

07 ㉮

08 영수

09 ㉠, ㉢, ㉡

10 가

11 나

12 ㉰, ㉮, ㉯

02 가장 높은 것부터 순서대로 쓰면 가, 라, 다, 나입니다. 따라서 둘째로 높은 곳은 라입니다.

03 가장 큰 사람부터 순서대로 쓰면 한별, 예슬, 영수입니다.

04 발판을 사용하여 키를 같게 맞췄으므로 발판을 가장 많이 사용한 효근이가 가장 작습니다.

05 공의 무게가 비교된 것을 보면 첫 번째 저울에서 ① 이 ②보다 무거운 것을 알 수 있으며, 두 번째 저울에서는 ④가 ①보다 무거운 것을 알 수 있습니다. 세 번째 저울에서는 ④가 ③보다 무거운 것을 알 수 있고, 마지막 저울에서는 ③이 ①보다 무거운 것을 알 수 있습니다.
따라서 ④, ③, ①, ②순으로 무거운 공입니다.

06 과학책 3권의 무게는 동화책 6권의 무게와 같으므로 과학책 3권이 동화책 5권보다 더 무겁습니다.

07 ㉮는 22칸, ㉯는 18칸이므로 ㉮가 더 넓습니다.

08 색칠한 땅을 비교해 보면 영수가 4번, 5번의 땅만큼 더 많이 색칠하였으므로 영수가 더 넓은 땅을 차지했습니다.

09 ㉠, ㉡, ㉢을 똑같은 크기의 ◇ 모양으로 나누어 봅니다.

㉠은 ◇ 모양이 6개, ㉡은 5개, ㉢은 5개 반이 있으므로 넓이가 가장 넓은 것부터 차례로 기호를 쓰면 ㉠, ㉢, ㉡입니다.

10 물이 넘치는 물병은 왼쪽 물병보다 담을 수 있는 물의 양이 더 적은 물병입니다.
따라서 물이 넘치는 물병은 가입니다.

11 모양과 크기가 같은 수조에 옮겨 담았을 때 물의 높이가 더 높은 쪽이 더 많이 담을 수 있으므로 나입니다.

12 ·㉮에 물을 가득 담아 ㉯에 부으면 넘치므로 ㉮ 그릇이 ㉯ 그릇보다 더 많이 담을 수 있습니다.
·㉮ 그릇에 물을 가득 담아 ㉰에 2번 부으면 가득 차므로 ㉰ 그릇이 ㉮ 그릇보다 더 많이 담을 수 있습니다.
따라서 가장 많이 담을 수 있는 것부터 순서대로 쓰면 ㉰, ㉮, ㉯입니다.

정답과 풀이

단원평가 [110~112쪽]

1 (△)
( )

2 (○)
( )
( )

3 (△)( )( )   **4** 호랑이

5 나   **6** 무겁습니다.

7 나   **8** 볼링공, 축구공, 테니스공

9 1, 3, 2   **10** (선으로 연결)

11 효근

12 (큰 원, 작은 원, 중간 원)

13 야구장   **14** 색종이

15 ( )(△)   **16** ㉢

17 주전자   **18** ㉯

19 예 동민이는 한솔이보다 키가 더 큽니다. 효근이는 동민이보다 키가 더 큽니다. 따라서 키가 가장 큰 사람은 효근이입니다. / 효근

20 예 모양과 크기가 같은 컵이므로 남은 우유가 가장 적은 사람이 가장 많이 마셨습니다. 따라서 가장 많이 마신 사람은 석기입니다 / 석기

2 왼쪽 끝이 맞추어져 있으므로 오른쪽 끝으로 가장 많이 나온 치약이 가장 깁니다.

7 병의 모양과 크기가 같으므로 무거운 물건이 들어 있을수록 무겁습니다. 따라서 모래를 담은 병의 무게가 더 무겁습니다.

11 한 칸의 크기가 같으므로 색칠한 칸의 수를 각각 세어 보면 효근이는 9칸, 영수는 7칸입니다. 따라서 더 넓게 색칠한 사람은 효근입니다.

12 겹쳤을 때 가장 많이 남는 것이 가장 넓습니다.

14 가장 좁은 것부터 순서대로 쓰면 색종이, 수학책, 스케치북입니다.

15 모양과 크기가 같은 그릇이므로 주스의 높이가 더 낮은 그릇에 주스가 더 적게 들어 있습니다.

17 주전자에 가득 담긴 물로 물병을 가득 채우고 넘쳤으므로 물병보다 주전자에 물을 더 많이 담을 수 있습니다.

18 • ㉮는 ㉯보다 적게 들어 갑니다.
• ㉮는 ㉰보다 많이 들어갑니다.
따라서 가장 많이 담을 수 있는 그릇은 ㉯입니다.

5. 50까지의 수

step 1 개념 확인하기 [114~115쪽]

1 10, 십, 열   **2** (1) 5 (2) 6

3 1, 17

4 (1) (칸에 동그라미 10개)   (2) 12

5 (1) 6 (2) 5   **6** (1) 2 (2) 20

6 (2) 10개씩 묶음 2개를 20이라고 합니다.

step 2 기본 유형 익히기 [116~119쪽]

유형1 10

1-1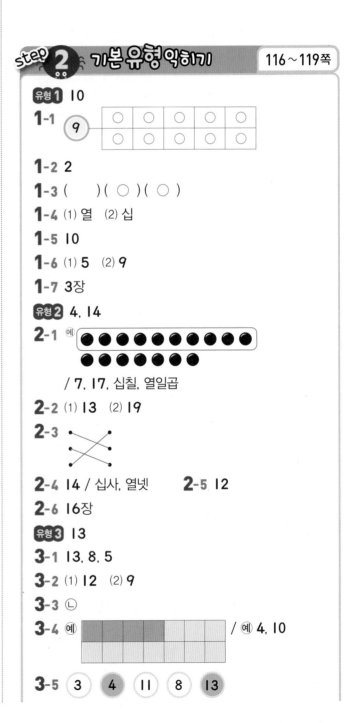

1-2 2

1-3 ( )(○)(○)

1-4 (1) 열 (2) 십

1-5 10

1-6 (1) 5 (2) 9

1-7 3장

유형2 4, 14

2-1 예 (동그라미 묶음 그림) / 7, 17, 십칠, 열일곱

2-2 (1) 13 (2) 19

2-3 (선으로 연결)

2-4 14 / 십사, 열넷   **2-5** 12

2-6 16장

유형3 13

3-1 13, 8, 5

3-2 (1) 12 (2) 9

3-3 ㉢

3-4 예 (색칠한 칸) / 예 4, 10

3-5 3 ④ 11 8 ⑬

3-5 6

3-6 ㉢

유형4 2, 20

4-1 (1) 30 (2) 40

4-2 20, 이십, 스물

4-3 20, 30, 40, 50

4-4

4-5 ○○○○○○○○○○

4-6 5봉지

1-6 (1) 5와 5를 모으기하면 10입니다.
(2) 10은 9와 1로 가르기 할 수 있습니다.

1-7 10은 7보다 3만큼 더 큰 수입니다.

2-2 (1) 10개씩 묶음 1개와 낱개 3개는 13입니다.
(2) 10개씩 묶음 1개와 낱개 9개는 19입니다.

3-2 (1) 10과 2를 모으면 12입니다.
(2) 15는 6과 9로 가를 수 있습니다.

3-3 ㉠=6, ㉡=8이므로 더 큰 수는 ㉡입니다.

3-5 4와 13을 모으면 17입니다.

3-6 12는 (1, 11), (2, 10), (3, 9), (4, 8), (5, 7), (6, 6)으로 가르기 할 수 있습니다.

3-7 두 수를 모으기 한 수는 다음과 같습니다.
㉠ 16 ㉡ 16 ㉢ 14 ㉣ 16

4-6 50은 10개씩 5묶음입니다.

---

step 1 개념 확인하기 120~121쪽

1 8, 48, 마흔여덟   **2** 26

3 42, 44

4

11	12	13	14	15	16	17
18	19	20	21	22	23	24
25	26	27	28	29	30	31

5 작습니다, 큽니다   **6** 33, 32

7 (1) 43 (2) 28   **8** 29

5 10개씩 묶음의 수가 다를 때에는 10개씩 묶음의 수가 큰 쪽이 큽니다.

---

step 2 기본 유형 익히기 122~125쪽

유형5 2, 5, 25 / 이십오, 스물다섯

5-1 (1) 3, 3, 33 / 삼십삼, 서른셋
(2) 4, 5, 45 / 사십오, 마흔다섯

5-2 (1) 2, 7, 27 (2) 4, 4, 44

5-3 (1) 36개 (2) 22개

5-4 (1) 이십구, 스물아홉 (2) 사십일, 마흔하나

5-5 (1) 38 (2) 46

5-6 32개

5-7 지혜

유형6 22, 23, 24 / 22, 24

6-1 (1) 37, 39 (2) 46, 48

6-2

21	22	23	24	25	26	27	28
29	30	31	32	33	34	35	36
37	38	39	40	41	42	43	44

6-3 (1) 16, 17, 19 (2) 마흔여덟, 마흔여섯, 마흔다섯

6-4 32

6-5 46

6-6 41

6-7

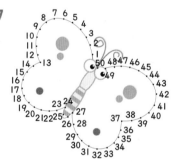

6-8 5개   **6-9** ㉠

6-10 28

유형7 큽니다, 작습니다

7-1 24, 19 / 24, 19 / 19, 24

7-2 (1) 40 (2) 38

7-3 (1) 29 (2) 21

7-4 (1)

| 15 | 31 | 42 |

(2)

| 47 | 43 | 49 |

7-5 (1) 32, 21, 19 (2) 48, 44, 42

7-6 동민

7-7 가장 큰 수 : 47, 가장 작은 수 : 17

5-3 (1) 10개씩 묶음 3개와 낱개 6개이므로 36개입니다.
　　 (2) 10개씩 묶어 보면 묶음 2개와 낱개 2개이므로 22개입니다.

5-6 10개씩 묶음 3개와 낱개 2개이므로 귤은 모두 32개입니다.

5-7 바둑돌은 10개씩 묶음 2개, 낱개 5개이므로 25개입니다. 따라서 바둑돌의 수를 바르게 말한 사람은 지혜입니다.

6-1 (1) 37 ↗ 38 ↗ 39　　(2) 46 ↗ 47 ↗ 48
　　　　|만큼 더 |만큼 더　　　　|만큼 더 |만큼 더
　　　　작은 수　큰 수　　　　작은 수　큰 수

6-3 (2) 수를 거꾸로 읽어 봅니다.

6-4 25 — 26 — 27 — 28 — 29 — 30 — 31 — ㉠
　　에서 ㉠은 32입니다.

6-5 45 — 46 — 47
　　　　　　↑
　　45와 47 사이의 수

6-6 ●보다 |만큼 더 큰 수가 42이므로 ●는 42보다
　　|만큼 더 작은 수입니다. 따라서 ●는 41입니다.

6-8 38 — 39 — 40 — 41 — 42 — 43 — 44이므로
　　38과 44 사이에 있는 수는 모두 5개입니다.

6-9 ㉠ 27　　㉡, ㉢, ㉣ 29

6-10 31보다 |만큼 더 작은 수는 30이고
　　 30보다 |만큼 더 작은 수는 29이고
　　 29보다 |만큼 더 작은 수는 28이므로
　　 31보다 3만큼 더 작은 수는 28입니다.

유형7 42는 10개씩 묶음의 수가 4, 35는 10개씩 묶음의 수가 3이므로 42는 35보다 큽니다.

7-4 (1) 15는 31보다 작고, 31은 42보다 작습니다. 그러므로 가장 큰 수는 42, 가장 작은 수는 15입니다.
　　 (2) 47은 43보다 크고, 47은 49보다 작습니다. 그러므로 가장 큰 수는 49, 가장 작은 수는 43입니다.

7-5 (2) 10개씩 묶음의 수가 모두 4로 같으므로 낱개의 수를 비교합니다. 따라서 가장 큰 수부터 순서대로 쓰면 48, 44, 42입니다.

7-6 10개씩 묶음의 수를 비교하면 29가 38보다 작으므로 구슬을 더 적게 가지고 있는 사람은 동민입니다.

7-7 10개씩 묶음의 수가 각각 3, 1, 2, 4이므로 크기를 비교하면 가장 큰 수는 47, 가장 작은 수는 17입니다.

step **3** 기본유형 다지기　　126~133쪽

1 (1) | (2) 10 (3) 10　　**2** ㉡

3 ○○○○○○○ / 6　　**4** 5개

5 지혜　　**6** |, 5, 15

7 (1) 13, 14 (2) 17, 16　　**8** ||개

9

10 13

11 (1) 십이, 열둘 (2) 십육, 열여섯

12 열아홉　　**13** 18장

14 8, 5, 13

15 (1) 16 (2) 16 (3) 7 (4) 17

16 예 [■■■■■■■■■] / 예 8, 9

17 예 ||, 4 / 예 6, 9

18 예

　가영　　　예슬

19 ||　　**20** 3, 30

21 사십, 마흔　　**22**

23 [50] [마흔] [쉰] [오십]

24 40개　　**25** 3개

26 35

27

수	10개씩 묶음	낱개
19			9
27	2	7
41	4		
32	3	2

28 4, 7, 47 / 사십칠, 마흔일곱

29 38, 삼십팔　　**30** 49

31 ㉢　　**32** 36개

33

34 43개　　**35** 34권

36 (1) 31, 34 (2) 20, 21

37 42, 44

38 (1) 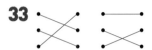 30 — 20 ㉛ 35 △29 42

(2) 47 (48) △46 50 38 40

39 (1) 24, 25, 26, 27　(2) 40, 41, 42, 43

40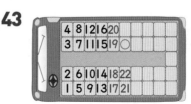

41

1	2	3	4	5	6
7	8	9	10	11	12
13	14	15	16	17	18
19	20	21	22	23	24
25	26	27	28	29	30

42 삼십이, 서른둘

43

4	8	12	6		
3	7	11	15	○	
2	6	10	14		
1	5	9	13		

44 ㉡　　　　　**45** 28, 29, 30, 31, 32
46 3장　　　　**47** 36, 28 / 28, 36
48 작습니다 / 큽니다
49 (1) (　) (○)　(2) (○) (　)
50 (1) (△) (　)　(2) (　) (△)
51 28　　　　　**52** ㉢
53 영수
54 (1) [△26　34　(43)]
　　(2) [45　△41　(48)]
55 46, 38　　　**56** 효근
57 ㉡　　　　　**58** ㉢, ㉣, ㉠, ㉡
59 43, 44, 45　**60** 영수

---

1 (2) 9보다 1만큼 더 큰 수를 10이라고 합니다.

2 ㉠ 10개 ㉡ 9개 ㉢ 10개

4 10은 5보다 5만큼 더 큰 수입니다.

5 10은 (1, 9), (2, 8), (3, 7), (4, 6), (5, 5)로 가르기 할 수 있습니다.

13 10장씩 묶음 1개와 낱장 8장이므로 한별이가 가지고 있는 색종이는 모두 18장입니다.

19 14는 3과 11로 가를 수 있습니다.

---

23 마흔 ⇨ 40, 쉰, 오십 ⇨ 50

24 10개씩 묶음이 4개이면 40이므로 사과는 모두 40개입니다.

25 서른은 30이고 30은 10개씩 묶음 3개이므로 10병씩 모두 담으려면 필요한 상자는 모두 3개입니다.

26 10개씩 묶음 3개와 낱개 5개인 수는 35입니다.

28 10개씩 묶음 4개, 낱개 7개이므로 47입니다.
　　⇨ 47(사십칠, 마흔일곱)

29 서른여덟 ⇨ 38(삼십팔)

31 ㉢ 24 – 이십사 – 스물넷

33 23(이십삼, 스물셋)
　　39(삼십구, 서른아홉)
　　48(사십팔, 마흔여덟)

34 10개씩 묶음 4개와 낱개 3개이므로 43입니다.
　　따라서 곶감은 43개입니다.

35 10권씩 3상자와 낱개 4권은 34권입니다.

36 (1) 32보다 1만큼 더 작은 수는 31이고 33보다 1만큼 더 큰 수는 34입니다.
　　(2) 19보다 1만큼 더 큰 수는 20이고 22보다 1만큼 더 작은 수는 21입니다.

37 43보다 1만큼 더 작은 수는 바로 앞의 수이므로 42이고, 43보다 1만큼 더 큰 수는 바로 뒤의 수이므로 44입니다.

38 (1) 30보다 1만큼 더 큰 수는 31이고, 30보다 1만큼 더 작은 수는 29입니다.
　　(2) 47보다 1만큼 더 큰 수는 48이고, 47보다 1만큼 더 작은 수는 46입니다.

42 ㉠에 알맞은 수는 32입니다. ⇨ 32(삼십이, 서른둘)

43

4	8	12	16	20		
3	7	11	15	19	○	
2	6	10	14	18	22	
1	5	9	13	17	21	

44 ㉠, ㉢, ㉣ : 30　㉡ : 32

45 27, 28, 29, 30, 31, 32, 33
　　27과 33 사이에 있는 수

46 39와 43 사이에 있는 수는 40, 41, 42로 모두 3개입니다. 따라서 두 번호표 사이에 있는 번호표는 모두 3장입니다.

47 10개씩 묶음 수가 36이 더 크므로 36은 28보다 큽니다.

49 (1) 16은 10개씩 묶음의 수가 1, 31은 10개씩 묶음의 수가 3이므로 31이 더 큽니다.

(2) 28과 24는 10개씩 묶음의 수가 2로 같으므로 낱개의 수가 더 큰 28이 더 큽니다.

50 (1) 48은 10개씩 묶음의 수가 4, 50은 10개씩 묶음의 수가 5이므로 48이 더 작습니다.

(2) 37과 33은 10개씩 묶음의 수가 3으로 같으므로 낱개의 수가 더 작은 33이 더 작습니다.

52 ㉢ 30은 27보다 큽니다.

53 삼십육 : 36, 스물아홉 : 29
36은 29보다 10개씩 묶음의 수가 크므로 더 큽니다.

55 10개씩 묶음의 수가 3보다 큰 수를 먼저 찾고, 10개씩 묶음의 수가 같으면 낱개의 수가 5보다 큰 수를 찾습니다.

56 41은 37보다 10개씩 묶음의 수가 크므로 41은 37보다 큽니다.
따라서 줄넘기를 더 많이 한 사람은 효근입니다.

57 ㉡ 22 ㉢ 31
10개씩 묶음의 수를 비교하면 가장 작은 수는 ㉡입니다.

59 42보다 1만큼 더 큰 수부터 46보다 1만큼 더 작은 수까지 순서대로 쓰면 43, 44, 45입니다.

60 한솔이가 딴 배는 29개입니다.
따라서 배를 가장 많이 딴 사람은 영수입니다.

step 4 응용실력기르기   134~137쪽

1 11개	**2** 9
3 ㉠	**4** 3개
5 30개	**6** 46
7 26개	**8** 4개
9 43	**10** 38, 40
11 18, 19, 20	**12** 웅이
13 28	**14** 37
15 47, 48, 49, 50	**16** ㉡, ㉢, ㉠

1 열다섯은 15이고 15는 4와 11로 가르기 할 수 있습니다.

2 5와 9를 모으면 14가 되므로 뒤집힌 카드에 적힌 수는 9입니다.

3 16은 7과 9로 가를 수 있으므로 ㉠은 7입니다.
8과 6을 모으면 14가 되므로 ㉡은 6입니다.

4 □2는 41보다 작으므로 32, 22, 12입니다.
따라서 □ 안에 알맞은 숫자는 3, 2, 1이므로 3개입니다.

5 두 사람이 가지고 있는 구슬은 10개씩 묶음이
2+1=3(개)이므로 모두 30개입니다.

6 낱개 16개는 10개씩 묶음 1개, 낱개 6개와 같습니다. 따라서 10개씩 묶음 3개와 낱개 16개인 수는 10개씩 묶음 4개와 낱개 6개이므로 46입니다.

7 10개씩 4봉지와 낱개 6개에서 10개씩 2봉지를 팔면 남은 사탕은 10개씩 2봉지와 낱개 6개입니다.
따라서 남은 사탕은 26개입니다.

8 주어진 모양을 만들기 위해서는 쌓기나무가 7개 필요하므로 쌓기나무 30개로는 4개까지 만들 수 있습니다.

10 낱개 19개는 10개씩 묶음 1개와 낱개 9개이므로 10개씩 묶음 2개와 낱개 19개인 수는 10개씩 묶음 3개와 낱개 9개이므로 39입니다.
따라서 38-39-40에서 39보다 1만큼 더 작은 수는 38, 1만큼 더 큰 수는 40입니다.

11 17부터 21까지의 수를 순서대로 쓰면 17, 18, 19, 20, 21입니다. 따라서 17과 21 사이의 수는 18, 19, 20입니다.

13 20과 30 사이에 있는 수이므로 10개씩 묶음은 2개입니다. 따라서 10개씩 묶음 2개와 낱개 8개이므로 28입니다.

14 그림은 10개씩 묶음 3개와 낱개 2개이므로 32이고, 32보다 5만큼 더 큰 수는 37입니다.

15 10개씩 묶음 4개와 낱개 6개인 수는 46입니다.

16 ㉠ 36, ㉡ 42, ㉢ 39이므로 가장 큰 수부터 기호를 쓰면 ㉡, ㉢, ㉠입니다.

01

10개씩 묶음	낱개	수
2	17	37
3	15	45

02 41개 **03** 2, 3

04 34 **05** 7개

06 6명 **07** 39번

08

1	16	15	14	13
2	17	24	23	12
3	18	25	22	11
4	19	20	21	10
5	6	7	8	9

09 동민 **10** 4개

11 35, 36, 37, 38, 39 **12** 21개

---

01 37은 10개씩 묶음 3개와 낱개 7개이고, 이것은 10개씩 묶음 2개와 낱개 17개와 같습니다.
45는 10개씩 묶음 4개와 낱개 5개이고, 이것은 10개씩 묶음 3개와 낱개 15개와 같습니다.

02 낱개 11개는 10개씩 묶음 1개와 낱개 1개입니다.
따라서 귤은 모두 10개씩 4봉지와 낱개 1개이므로 41개입니다.

03 ★6은 45보다 작으므로 ★6은 16, 26, 36이고 3★은 31보다 큰 수이므로 32, 33, 34, …, 39
따라서 ★에 공통으로 들어갈 수 있는 수는 2, 3입니다.

04 26과 ㉠ 사이에 있는 수가 7개가 되도록 순서대로 써 보면 26, 27, 28, 29, 30, 31, 32, 33, ㉠입니다.
따라서 ㉠은 33보다 1만큼 더 큰 수인 34입니다.

05 39보다 1만큼 더 작은 수는 38입니다. ⇨ ㉠=38
10개씩 묶음 3개와 낱개 16인 수는 10개씩 묶음 4개와 낱개 6개인 수와 같으므로 46입니다.
⇨ ㉡=46
38과 46 사이에 있는 수를 순서대로 써 보면 39, 40, 41, 42, 43, 44, 45이므로 모두 7개입니다.

06 1, 2, 3, …, 13 …, 20, 21, 22, 23, 24
　　　　　　　　　　　　유승　지혜

반 학생 수가 24명이고 지혜는 뒤에서부터 다섯째 번에 서 있으므로 앞에서부터는 20째번입니다.

따라서 유승이와 지혜 사이에 서 있는 학생은 14째 번부터 19째번까지의 학생이므로 모두 6명입니다.

07 39－40－41－42－43
　　지혜　　　　　　　웅이

09 효근이가 가지고 있는 구슬은 10개씩 묶음 3개와 낱 개 7개이므로 37개입니다.
동민이가 가지고 있는 구슬은 10개씩 묶음 2개와 낱 개 14개이므로 34개입니다.
따라서 구슬을 더 적게 가지고 있는 사람은 동민입니다.

10 만들 수 있는 수는 21, 24, 41, 42이므로 모두 4개입니다.

11 10개씩 묶음 3개와 낱개 4개인 수는 34입니다.
34보다 크고 40보다 작은 수는 35, 36, 37, 38, 39입니다.

12 유승이가 10개씩 들어 있는 사탕 2봉지에서 1봉지를 동생에게 주면 1봉지가 남고, 낱개 12개에서 낱 개 1개를 주면 11개가 남습니다.
따라서 유승이에게 남은 사탕은 10개씩 2봉지와 낱 개 1개이므로 모두 21개입니다.

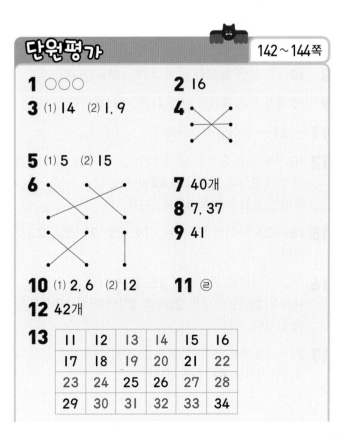

1 ○○○ **2** 16

3 (1) 14 (2) 1, 9 **4**

5 (1) 5 (2) 15

6 **7** 40개

8 7, 37

9 41

10 (1) 2, 6 (2) 12 **11** ㉣

12 42개

13

11	12	13	14	15	16
17	18	19	20	21	22
23	24	25	26	27	28
29	30	31	32	33	34

14 (1) 32 (2) 46, 47 **15** 19, 20, 23

16 25번과 27번 사이 **17** 21, 15

18 | 27 | △19 | ⬭30 |

19 ㉖ 5상자 중에서 2상자를 팔았으므로 남은 상자는 3상자입니다. 10개씩 3상자는 30개이므로 남은 사과는 30개입니다. / 30개

20 ㉖ 10장씩 묶음 3개, 낱장 17장은 47장이므로 영수는 47장 가지고 있습니다. 10장씩 묶음 4개는 40장이므로 가영이는 40장 가지고 있습니다. 따라서 영수가 색종이를 더 많이 가지고 있습니다. / 영수

1 10은 7보다 3만큼 더 큰 수이므로 ○를 3개 더 그립니다.

2 10개씩 묶음 1개와 낱개 6개를 16이라고 합니다.

3 (1) 10개씩 묶음 1개와 낱개 ▲개는 1▲입니다.

4 13(십삼, 열셋)
11(십일, 열하나)
15(십오, 열다섯)

5 (1) 9와 5를 모으면 14입니다.
(2) 19는 4와 15로 가를 수 있습니다.

6 30(삼십, 서른), 50(오십, 쉰), 40(사십, 마흔)

7 10개씩 묶음이 4개이면 40이므로 도넛은 모두 40개입니다

8 10개씩 묶음 ■개와 낱개 ▲개는 ■▲입니다.

9 10개씩 묶음 3개와 낱개 11개는 41입니다.

11 ㉣ 21 - 이십일 - 스물하나

12 10개씩 묶음 3개와 낱개 12개는 10개씩 묶음 4개와 낱개 2개와 같으므로 42입니다.
따라서 곶감은 모두 42개입니다.

15 18과 24 사이에 있는 수는 19, 20, 21, 22, 23입니다.

16 수를 순서대로 쓰면 25, 26, 27입니다.
따라서 26번 학생은 25번과 27번 학생 사이에 서야 합니다

17 21은 10개씩 묶음의 수가 2, 15는 10개씩 묶음의 수가 1이므로 21이 더 큽니다.

정답과
풀이

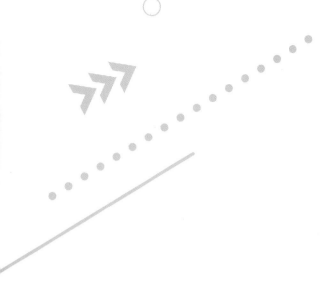